Osprey New Vanguard
オスプレイ・ミリタリー・シリーズ

世界の軍艦イラストレイテッド
5

ドイツ海軍のUボート 1939-1945

[著]
ゴードン・ウィリアムソン
[カラー・イラスト]
イアン・パルマー
[訳]
手島 尚

Kriegsmarine U-Boats 1939-45 (1)

Text by
Gordon Williamson
Colour Plates by
Ian Palmer

大日本絵画

目次 contents

3 ドイツ海軍にUボート復活
INTRODUCTION

6 I型
THE TYPE I

7 II型
THE TYPE II

11 VII型
THE TYPE VII

37 XIV型
THE TYPE XIV

39 武装
ARMAMENT

42 魚雷
THE TORPEDO

44 機雷
THE MINE

45 推進動力
THE POWERPLANT

45 その他の標準的な装備
OTHER STANDARD EQUIPMENT

25 カラー・イラスト

47 カラー・イラスト　解説

◎著者紹介

ゴードン・ウィリアムソン
Gordon Williamson
1951年生まれ。現在はスコットランド土地登記所に勤務している。彼は7年間にわたり憲兵隊予備部隊に所属し、ドイツ第三帝国の勲章と受勲者についての著作をいくつか刊行し、雑誌記事も発表している。彼はオスプレイ社の第二次世界大戦に関する刊行物のいくつかの著作を担当している。

イアン・パルマー
Ian Palmer
3Dデザインの学校を卒業し、多くの出版物のイラストを担当してきた経験の高いデジタル・アーティスト。その範囲はジェームズ・ボンドのアストン・マーチンのモデリングから月面着陸の場面の再現にまでわたっている。彼と夫人は猫3匹と共にロンドンで暮らし、制作活動を続けている。

ACKNOWLEDGEMENTS

I would like to express my sincere thanks to my friend and noted U-boat historian, Jak P. Mallmann-Showell, for facilitating my visit to the U-Boot Archiv in Cuxhaven, from where most of the research material and photographs for this book was obtained, and to the Archiv Director, Horst Bredow, for making my short stay at the Archiv so pleasant and so fruitful. I would also like to thank Kevin Matthews, stalwart member of the FTU (Freundeskreis Traditionsarchiv U-Boot), for all his assistance in assembling the photographic material.

The U-Boot Archiv is without doubt the single most important repository of information on the U-boats of the Kriegsmarine (and Kaiserliche Marine). It is a registered charity, which receives no official funding, and is dependent on the support of those who use the facilities. Herr Bredow and those who regularly assist him have done a magnificent job in recording the history and accomplishments of the U-Bootwaffe for posterity.

The FTU exists for those who wish to use and support the Archiv. An English language newsletter is produced, containing fascinating information from the Archiv and a range of books, films, membership pins and other merchandise is available.

For further information, please contact:
Jak P. Mallmann-Showell
1 Lookers lane
Saltwood
Hythe
Kent
CT21 5HW

Those comfortable with the German language may contact the Archiv direct at:
Altenbrucher Bahnhofstrasse 57
D-27478 Cuxhaven-Altenbruch
Germany

in all cases, please enclose a self-addressed envelope and two international reply coupons.

ドイツ海軍のUボート 1939-1945
Kriegsmarine U-boats 1939-45 (1)

INTRODUCTION
ドイツ海軍にUボート復活

　1918年11月、ドイツは連合国に降伏した。ドイツが調印した休戦協定に並べられた数多く面倒な条項の中のひとつによって、ドイツはすべてのUボートを英国に引き渡すことと、建造中のUボートすべてを破壊または解体することを要求された。そしてドイツは、商業用途のものも含めて、将来のすべての潜水艦船の建造を禁止された。その後、これらの要求事項は、1919年6月28日調印されたヴェルサイユ条約の第188条、第189条、第191条として批准された。条約調印の時点で在籍していたUボートは英国、米国、フランス、イタリア、日本に配分され、各国はそれを徹底的な研究の対象にした。

　ドイツにとって幸いなことに、連合国はすべてのUボートを引き渡すように要求したが、もうひとつ重要なものを見逃していた。それは膨大な技術的知識と経験であり、ドイツの潜水艦建造活動の記録文書に集積されていた。連合国はこれらの文書を引き渡すことは要求しなかったのである。これらの重要な記録文書はその後、ワイマール共和国の体制の下の新しいドイツ海軍（ライヒスマリーネ）の魚雷・機雷査察総監部の潜水艦部に引き渡され、その部から最終的に国家文書保管機構に移された。

　ドイツは実際に潜水艦を建造することは禁止されていたが、間もなくこの分野での自国の優れた知識と技術のマーケティングを積極的に進め始めた。日本にはUボートの設

波の荒い海面を航走するVII型Uボート。併走する同型艦の対空機関砲プラットフォームから撮影された。

計図を売り、アルゼンチン、イタリア、スウェーデンの造船所とは協同作業を開始したのである。このような活動はヴェルサイユ条約の理念に背反すると見られる恐れがあるので、政治的問題になるのを避けるためのカバーとなる企業、NV Ingenieurskantoor voor Scheepsbouw（IvS、有限会社造船技術事務所）が、1922年7月にオランダで設立された。法律的な手続きの問題のために、この会社の事務所が首都ハーグに開設されるのは1925年まで遅れたが、それまでの間、この会社はキールのゲルマニア造船所の事務所で活動を続けた。

　ドイツ海軍が秘密裡に提供した資金によって、IvSはオランダの造船所でトルコ海軍の潜水艦2隻を建造した。設計はほぼ全面的に、ドイツ帝国海軍のUB III型をベースにしたものだった。いずれも1927年に進水した。IvSは契約に含められた条項によって、乗組員の選抜と訓練に社員を関与させ、実用テストにも社員を参加させることを許された。このようにしてドイツ人は、彼らが設計した艦の性能と特性を直接に知ることができた。

　1932年にドイツでは、海軍を近代化するための再建プログラムをスタートさせることを決定した。この計画には中型艦（500トン）8隻の小規模な兵力ではあったが、潜水艦部隊を復活させることが含まれ、その後、計画兵力は16隻に拡大された。その1年後、1933年には、Uボート乗組員訓練のための学校が、キールに新設された。しかし、奇妙なことに、Unterseebootsabwehrschule（対潜水艦防御学校）という逆の意味の校名がつけられた。

　フィンランド海軍からも機雷敷設潜水艦3隻を受注した。設計はやはりドイツ帝国海軍の艦、この場合はUC IIIをベースにしたものだったが、大幅に改良が加えられた。この3隻はフィンランドの造船所で建造され、1930～31年に竣工したが、ドイツの技術者が積極的に建造作業に関与し、洋上テストにも参加した。それ以外にもフィンランド海軍から115トンと、それより大型の250トンの潜水艦各1隻の発注を受けた。後者はヴェシッコという艦名になり、その後、この艦の設計に基づいてドイツ海軍の沿岸防御用潜水艦、IIA型6隻（U1～U6、1935年に進水）が建造された。ヴェシッコは1933年5月に竣工したが、フィンランド海軍への引き渡しは遅れ、1936年1月になった。その間、Uボートの乗組員の訓練に使用されたためである。ヴェシッコは現在も保存されている。

　ここでドイツは自国の海軍の潜水艦建造のために新しい設計の開発に乗り出した。これらの設計の対象は事実を隠蔽するために、Motorenversuchsboote（MVB）、"試作モーターボート"と呼ばれた。新艦の建造にはキールのドイッチェ・ヴェルク社が選ばれ、キール＝ヴィクに新しいUボート基地を建設することになった。

　建造資材が秘密のうちにキールのドイッチェ・ヴェルク社造船所に集められ始め、建造開始の指示を待つ状態に進んだ。建造される型と隻数は年次ごとに次のように計画された。

　　1934年　800トン級の大型艦2隻と250トン級の小型艦2隻
　　1935年　250トン級の小型艦4隻

穏やかな水面を低速で走るU-9。甲板上の乗組員が着ている革製のジャケットは、Uボート乗組員たちの間で広く使用されていた着衣である。U-9の司令塔側面には、第一次大戦中のドイツ帝国海軍のU-9の名誉を記念して、鉄十字章をモチーフとした飾りが取りつけられている。

1936年　800トン級の大型艦2隻と250トン級の小型艦6隻
　　1937年　800トン級の大型艦2隻と250トン級の小型艦6隻

　小型艦の1隻当たりのコストは準備コストも含めて100～150万マルク、大型艦は400～450万マルクだった。大型艦の型式名称はMVB IA型、小型艦はMVB IIA型とされた。
　1934年には英独海軍協定が結ばれ、両国の間の3対1の兵力比率が合意された。この時の英国海軍の潜水艦の排水量合計は5万トンをわずかに超えていたので、ドイツ海軍は合計17,500トン前後のUボート保有が許されることになった（まだ、ヴェルサイユ条約によってUボートの建造は禁止されたままだったのだが）。当初、この枠内でMVB IA型20隻と小型のMVB IIA型6隻の兵力構成が考えられた。しかし、実際には、海軍内の理論の論議では、少数の大型艦を所有するよりも小型艦を多数揃える方が有利だとの見方が強かった。このため、兵力配分の計画は、おおよそ大型艦10隻と小型艦18隻ほどの線——これはドイツ海軍が対英条約の上で理論的に許容されている保有トン数内に収まっていた——に落ち着いた。
　しかし、このような計画はすべてアカデミックなものであり、いまだにドイツはどのような型であっても、潜水艦を建造することは許されない状態に置かれていた。ヒットラーは1933年1月に政権を握ったが、英国との協定成立に期待をかけており、ドイツが禁止されている潜水艦建造に手を出し、それが露見した時に彼の政治的計画が大混乱に陥ることを怖れていた。このため彼は当面、建造開始の許可を差し控えた。
　一方、対潜水艦防御学校は将来のUボート乗組員に対する理論的な訓練を続け、新型潜水艦の設計作業も進められた。MVB IIの改良型で、航続距離を延ばすために、艦の全長を長くして燃料タンク増備したMVB IIB型が設計された。これで3つの型の設計が承認されて並び、ドイッチェ・ヴェルク社1社だけで十分な隻数を要求される期間内で建造することは難しく、建造作業を型ごとに別の造船所に配分することが決定された。キールのドイッチェ・ヴェルク社はMVB IIA、デシマグ＝AGヴェザー社はMVB IA、ゲルマニアヴェルフト社はMVB IIBを建造することになった。1934年の秋までには、建造を開始するため十分な資材と部品がストックされた状態に進んだが、ヒットラーはまだ決断を下さず、結局、1935年2月1日になってようやく建造開始を許可した。
　それら以外の型も計画された。MVB IIIはMVB IAの設計を大型化した発達型であり、機雷敷設任務の外にモーターボート型魚雷艇2隻を搭載する用途も考えられた。MVB IV

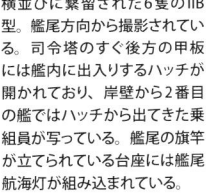

横並びに繋留された6隻のIIB型。艦尾方向から撮影されている。司令塔のすぐ後方の甲板には艦内に出入りするハッチが開かれており、岸壁から2番目の艦ではハッチから出てきた乗組員が写っている。艦尾の旗竿が立てられている台座には艦尾航海灯が組み込まれている。

はUボートの戦闘部隊の支援のために外洋で工作・修理作業と補給の任務に当たる潜水艦として計画された。MVB Vはヴァルター社が設計した新型推進機関を装備するように計画され、MVB VIは蒸気駆動機関装備の艦として計画された。しかし、これらの計画はすべて却下された。MVB VIIの計画を優先して進めるためである。この500トンの中型艦の設計をベースにしたVII型シリーズは1936年秋以降、大戦末期にかけて大量に建造され、第二次大戦のUボート兵力のバックボーンとなった。この最も新しい設計も、第一次大戦の末期の成功した設計、UB III型がベースになっていた。

その後、MVB IIからは2つの発達型、IICとIIDが生まれたが、それから先の発達の可能性はあまり高くなかった。MVB VIIは基本的にはMVB IIの拡大版だったが、はるかに融通性が高いデザインであり、第二次大戦全期を通じて驚くほど数多くの派生型や発達型が開発された。MVB VII型建造の最初の発注は1935年1月に出された。それから2カ月ほど後、ヒットラーはヴェルサイユ条約の軍備制限条項の破棄と、ドイツの本格的な軍備拡大開始を発表した。この時期の前後に〝MVB〟という欺瞞のための艦種記号は消えてしまった。

U-9の司令塔のクローズアップ。この鉄十字勲章の飾りは第二次大戦勃発と共に取り外された。鉄十字飾りの真上の馬蹄形のものは、実は飾りではなく、救命具なのである。

THE TYPE I

I型

この型はUボートの中で最も成功度が低く、2隻のIA型、U-25とU-26がデシマグ社の造船所で建造されただけで終わった。しかし、この型は、後にもっと成功を収めたIX型の直接の先祖なのである。

IA型の要目
全長　72.4m
全幅　6.2m
吃水　4.3m
排水量　862トン（水上）、983トン（潜航時）
速度　17.8ノット（32.9km/h、水上）、8.3ノット（15.4km/h、潜航時）
航続距離　6,700浬（12,410km/h、水上航走）、78浬（145km/h、水中航走）
動力　1,540bhpのMANディーゼルエンジン2基、
　　　及びそれと連結される500bhp電動モーター2基
武装　魚雷発射管6基（艦首4基、艦尾2基）、魚雷14本、10.5cm砲1門、2cm機関砲1門
乗組員　43名

I型の作戦行動
Operational Use

大戦の初期には、IA型の2隻のUボートはほぼ全面的に訓練任務に当てられていたが、Uボートの作戦行動が拡大していくのにしたがって、実戦部隊の兵力が不足し始め、1940年に入るとこの2隻も戦闘任務に廻された。両艦とも1940年のうちに戦没したが、この短い戦闘任務の期間内に比較的目立つ戦果をあげた。

U-25は5回の戦闘出撃によって敵の船舶8隻、合計50,250トンを撃沈した。初代の艦長(戦前)、エーベルハルト・ゴット中佐は、大戦後期にUボート作戦司令官に昇進した。2代目の艦長、ヴィクトール・シュッツェ中佐は大戦全期にわたって35隻、171,000トンを撃沈(隻数では3位、トン数では5位)し、トップのUボート"エース"の一人となった。U-25は1940年8月3日、オランダ北部の沖合で敷設されたばかりの機雷原を通過し、触雷して乗組員全員と共に沈没した。

U-26は戦闘出撃を8回重ねた。最初の出撃は機雷敷設任務であり、敷設した機雷によって商船3隻を沈没させ、英国の軍艦1隻を損傷させる戦果があった。2回目の出撃でU-26は大戦中に初めて地中海に入ったUボートになったが、それ以外には特別の出来事のない航海で終わった。3回目の出撃では、大西洋での短い期間の行動のうちに商船3隻撃沈の戦果を加えた。四度目の出撃はノルウェー侵攻作戦での輸送任務であり、この任務における数回の往復航海のうちの1回の復路で5,200トンの商船1隻を撃沈した。それから、何事もなく終わった哨戒任務の出撃が3回続いた後、1940年6月20日、8回目の戦闘出撃に出港した。6月30日、北大西洋で商船3隻を撃沈し、その翌日にも1隻を攻撃して損傷をあたえた。この攻撃の後、U-26は英艦2隻による強烈な爆雷攻撃を受け、やむを得ず浮上すると、哨戒中のサンダーランド飛行艇の爆弾に狙われた。艦は自沈処分され、乗組員の大半は攻撃側に救助された。

IA型2隻は短期間の外洋での戦闘行動でかなりの戦績をあげたが、技術的に見て優れた外洋行動用の艦ではなかった。沿岸用ではなく、大西洋などでの作戦用に計画された艦としては航洋性が不十分だった。安定性が不十分で、潜航速度が遅く、水中での運動性が十分とはいえなかった。それにもかかわらず、IA型の2隻は13回の戦闘出撃で船舶18隻を撃沈し、見事に任務を果たした。

THE TYPE II
II型

写真はIA型の最初の艦、U-25である。戦前、1936年頃に撮影された。このきわめて薄いグレーの塗装は戦前のパターンである。大半の艦の艦首の防潜網カッターは大戦勃発の前に取り外された。通常、司令塔頂部からカッターの頂部にかけてジャンプワイヤーが張られていたが、この艦では前端がそれより後方、甲板上の環に取りつけられている。安全のための手摺は通常、入港している間だけ立てられた。

II型は第一次大戦中のドイツ帝国海軍の沿岸用Uボート、UB型からの自然な延長線上に生まれた型だった。小型で、コストが低く、建造工程が簡易であり、驚くほど短い期間で竣工することができた。戦間期にフィンランド海軍から発注されて秘密裡に建造されたCV-707型(前出のヴェシッコ)をベースにして設計されたII型は、優れた訓練用のUボー

IIA型Uボート4隻の後甲板にブルーの正装ユニフォームを着用した乗組員が整列している。場面は1935年11月7日、ドイツ海軍の新しい軍艦旗の初めての掲揚式である。艦尾近くの舷側の暗い色に塗られていた部分に注目したい。そこの前方寄りの端に見える円い穴はディーゼルの排気口であり、そこから後方の暗い色の塗装は、排気の汚れが薄いグレーの塗装に拡がって目立つのを防ぐために考え出されたものである。

トになったが、小型であり、強く横揺れする傾向があったため、ドイツ人の間でもからかい気味に〝丸木船〟(カヌー)と呼ばれた。それにもかかわらず、この型の多数の艦は訓練任務と戦闘任務の双方で十分に活躍し、いくつかの派生型が建造された。この型の艦の武装はいずれも魚雷発射管3基だったが、艦首に逆三角の珍しい配置で装備されていた。左舷と右舷に各1基が装備され、3基目はその下の方、艦の中心線に配置されていた。

IIA型
Type IIA

IIA型は1936〜1937年に合計6隻が建造された。

IIA型の要目
全長　40.9m
全幅　4.1m
吃水　3.8m
排水量　254トン(水上)、301トン(潜航時)
速度　13ノット(25km/h、水上)、6.9ノット(12.8km/h、潜航時)
航続距離　2,000浬(3,704km/h、水上航走)、71浬(131.5km/h、水中航走)
動力　350bhpのMWMディーゼルエンジン2基、
　　　及びそれと連結される180bhp電動モーター2基
武装　魚雷発射管3基(艦首)、魚雷6本、2cm高角機関砲1門
乗組員　25名

IIB型
Type IIB

IIB型は基本的にIIA型の全長を延ばした型であり、増大した容積は燃料搭載量増に当てられ、航続距離が延びた。もうひとつの改良は、きわめて重要な急速潜航の所要時間の短縮であり、前の型の35秒から30秒へ5秒短くなった。IIB型は1935〜1940年に合計20隻建造され、II型の派生型の中で最大の隻数である。

小型のIIB型Uボートがクレーンによって海面に吊り降ろされている。IIB型は軽量でサイズが小さいため、このような方式での進水が可能だった。Uボートでも大型の艦は普通の艦船と同様に、造船台から海面に滑り下りる方式で進水された。

IIB型の要目
全長　42.7m
全幅　4.1m
吃水　3.9m
排水量　279トン（水上）、329トン（潜航時）
速度　13ノット（25km/h、水上）、7ノット（13km/h、潜航時）
航続距離　3,900浬（7,223km/h、水上航走）、71浬（131.5km/h、水中航走）
動力　350bhpのMWMディーゼルエンジン2基、
　　　及びそれと連結される180bhp電動モーター2基
武装　魚雷発射管3基（艦首）、魚雷6本、2cm高角機関砲1門
乗組員　25名

IIC型
Type IIC

　IIC型も、単にその前の型、IIBの全長を延ばし、燃料タンク容量を増した型である。IIC型では発令所の長さが拡大され、2本目の潜望鏡が装備された。IIA型とIIB型は司令塔前面の半ばに段があるが、IIC型にはそれがないので、写真を見た時に識別しやすい。IIC型は8隻建造されただけである。

IIC型の要目
全長　43.9m
全幅　4.1m
吃水　3.8m
排水量　291トン（水上）、341トン（潜航時）
速度　12ノット（22km/h、水上）、7ノット（13km/h、潜航時）
航続距離　4,200浬（7,778km/h、水上航走）、71浬（131.5km/h、水中航走）
動力　350bhpのMWMディーゼルエンジン2基、
　　　及びそれと連結される205bhp電動モーター2基
武装　魚雷発射管3基（艦首）、魚雷6本、2cm高角機関砲1門
乗組員　25名

IID型
Type IID

　IID型は小型だがもっとサイズが大きいVII型と見誤られる可能性がある。司令塔が長くなり、その後部に高角機関砲装備のプラットフォームがあり、舷側には特徴的なサドルタ

画面の左端はIIA型のU-2であり、その右側の2隻はIIB型のU-15とU-16である。IIA型と初期のIIB型の司令塔の前面は平滑な曲面であり、2つの型の外観はほぼ同じである。IIB型の司令塔の側面に航海灯を収めたケースが突き出しているのが、唯一の目立った相違点だった。

ンクがあるからである。燃料搭載量の増大によって航続距離は大幅に延び、タンクは燃料残量に対応するために最新技術による自動調整装置が装備された。IIA～IIC型では司令塔前面下部に膨らみがあったが、IID型ではそれがなくなった。IID型の建造数は16隻である。

IID型の要目
全長　44m
全幅　5.0m
吃水　3.9m
排水量　314トン（水上）、364トン（潜航時）
速度　12.7ノット（23.5km/h、水上）、7.4ノット（13.7km/h、潜航時）
航続距離　5,680浬（10,520km/h、水上航走）、71浬（131.5km/h、水中航走）
動力　350bhpのMWMディーゼルエンジン2基、
　　　及びそれと連結される205bhp電動モーター2基
武装　魚雷発射管3基（艦首）、魚雷6本、2cm高角機関砲1門
乗組員　25名

II型の作戦行動
Operational Use

　計画通りに事態が進んでいれば、1939年9月のポーランド侵攻作戦開始の時までには、II型の全艦は訓練任務に移されていたはずだった。しかし、ドイツ海軍のUボート兵力はこの時点までに十分に拡張されていなかったため、実戦部隊での必要性に対応して、多くのII型の艦が戦闘任務についた。その後、VII型とIX型の艦の増備が進むにつれて、II型はだんだんに戦闘任務を解除され、再び訓練部隊での任務に移されていった。1941年の半ばまでにはIIA型とIIB型は全部、訓練任務に復帰していた。IIC型

横並びに繋留されている3隻のIIB型。中央の艦、U-12はゲルマニアヴェルフト社で建造され、司令塔の前面、半ばの高さに段が設けられ、その上に方向探知装置のループが取りつけられている。左右の2隻はドイッチェ・ヴェルク社で建造されたIIB型で、司令塔の前面は平滑な状態である。

大戦初期に撮影されたIIB型Uボート。恐らくU-9だろう。艦の横幅がひどく狭いことがよくわかる。この特徴からIIB型には"カヌー"というニックネームがつけられた。

はほぼ全艦、1940年4月に開始されたノルウェー侵攻作戦に参加したが、その後、だんだんに実戦部隊での任務を解かれ、訓練部隊に復帰した。

IIA型の6隻は1935年に建造され、全艦、ノルウェー侵攻作戦に参加し、U-1は4月6日に触雷して沈没した。U-2、U-5、U-6はこの作戦の後、訓練任務にもどった。U-3はやや目立った戦績に恵まれ、5回の戦闘出撃を重ねて敵の船舶2隻を撃沈した後、訓練任務に復帰した。U-4の活動はもっと華やかだった。4回の戦闘出撃によって船舶3隻と英国の潜水艦シッスルを撃沈した後、訓練任務に移動した。

18隻のIIB型は1935～1940年に建造され、大半はノルウェー侵攻作戦に参加した後、数隻の喪失艦を除いて訓練任務に復帰した。この小型の沿岸防御用のUボートは戦闘出撃合計150回を重ね、敵の船舶97隻と艦艇9隻を撃沈して、十分に任務を果たした。

IIB型のUボートのうちの6隻（U-9、U-18、U-19、U-20、U-22、U-23）は、ソ連の艦船を攻撃するために黒海に送られ、1943年2月から作戦行動を開始した。分解して艀に載せ、大陸内の水路を通ってできるだけ遠くまで運び、その先は大型トレーラーに載せて陸路輸送して黒海岸に到着した。これらの旧式艦は健闘して多数の撃沈戦果をあげた。1944年初めから黒海西北岸のドイツ軍は西方への退却に転じた。しかし、IIB型の6隻を往路のような方法で本国まで移動させることは不可能になっており、ドイツは6隻をトルコに譲渡しようと試みたが、相手はそれに応じなかった。その結果、ソ連軍の手に落ちることを避けるために、8月から9月にかけていずれも自沈処分された。

1938～1939年に8隻建造されたIIC型のうち、敵との交戦によって喪われたのは1隻、U-63（1940年2月）のみである。他の5隻はだんだんに実戦部隊を離れて訓練部隊に復帰した。IIC型の戦闘出撃の合計は56回、戦果は軍艦3隻を含む57隻撃沈である。

IID型は1940年に16隻建造され、実戦部隊を経ることなく就役と同時に訓練部隊に配属され、実戦に参加しないままだった艦が多い。実戦部隊に移動したIID型の艦の戦闘出撃は合計36回、戦果は軍艦3隻を含む27隻撃沈である。1940年6～7月に3隻が戦闘によって撃沈された（駆逐艦などの爆雷攻撃による沈没が2隻、ソ連の潜水艦の攻撃による沈没1隻）。残りの13隻は、一部の艦の一時的な実戦参加の時期を除いて、いくつもの訓練部隊で活動を続け、いずれも敗戦の時に降伏または自沈した。

THE TYPE VII
VII型

VII型の全般的な説明
General Description

VII型は単殻式構造の艦であり、耐圧殻が艦の外殻になっている部分もあった。それ以前の艦の設計との主な相違は、燃料をサドルタンクに搭載するのではなく、防御力が高

い耐圧殻の内側にタンクを設け、貴重な燃料をそこに搭載するようになった点である。艦の姿勢と深度調整のためのバラストタンクは中央の1基と共に、耐圧殻の外側の艦首と艦尾のタンクがあり、船体中部の両側には大きなサドルタンクが取りつけられていた。耐圧殻の外周には抵抗が低い外殻があり、両者の間のスペースは海水が自然に流入、流出するようになっていた。甲板と耐圧殻上面との間のスペースにはかなりの量の電線管路と配管が配置され、艦砲の台座、砲側弾薬ロッカー、予備魚雷収納庫などが設けられ、小型ディンギーも詰め込まれていた。これらの装置類には、甲板のハッチを開いたり、プレートを外したりしてアクセスすることができた。前甲板、司令塔のすぐ前の位置には単装8.8cm砲1基が装備され、司令塔の後部には単装2cm高角機関砲1基が装備されていた。

VIIA型
Type VIIA

VII型の最初の派生型はVIIA型であり、10隻が1936〜1937年に就役した。艦番号はU-27からU-36までが割り振られた。4隻はゲルマニアヴェルフト社、6隻はAGヴェザー社で建造された。最初の艦（U-33）の建造は1935年2月に始まり、1936年6月11日に進水した。

VIIA型のすぐに視認できる特徴のひとつは、後部の外装魚雷発射管の膨らみであり、艦尾の甲板上にはっきりと見える。

VIIA型の要目
全長　64.5m
全幅　5.8m
吃水　4.4m
排水量　626トン（水上）、745トン（潜航時）
速度　16ノット（30km/h、水上）、8ノット（15km/h、潜航時）
航続距離　4,300浬（7,964km/h、水上航走）、90浬（167km/h、水中航走）
動力　1,160bhpディーゼルエンジン2基、及びそれと連結される375bhp電動モーター2基
武装　魚雷発射管5基（艦首4基、艦尾1基）、8.8cm砲1門、2cm高角機関砲1門
乗組員　44名

VIIB型
Type VIIB

VIIB型はVIIA型に目立った改良が加えられた型である。旋回半径を小さくするため

桟橋に繋留されているVIIC型の甲板で8.8cm砲の装填訓練が行われている場面。砲の前方、左舷寄りに甲板直下の砲側弾薬ロッカーのハッチが開かれており、白い内側が見えている。砲員たちはこのロッカーに収納されている少量の弾薬で即時発砲を開始し、その間に艦内の弾薬庫から射撃継続のための弾薬が運び出される仕組みになっていた。

戦闘出撃から基地に帰還したVIIA型、U-30。司令塔の側面に艦の紋章を描くファッションは、この艦から始まったといわれている。この艦の司令塔から後方に伸びるジャンプワイヤーが中央の1本だけである点に注目されたい。大多数の艦では艦尾の右舷と左舷に向かって1本ずつ張られていた。サドルタンクの塗色がきわめて濃いグレーであることが、この写真にもはっきりと写っている。

に、舵が前の型の1枚から2枚に増やされ、VIIA型では外装だった艦尾魚雷発射管が耐圧殻内装備に変えられ、魚雷は2枚の舵の間を通過するコースで発射された。燃料タンク容積増大のために全長が2m延ばされ、サドルタンクの中に特別な燃料槽が設けられた。これらの燃料槽には自動調整装置が装備され、燃料が槽の上部から吸い上げられると、その分だけ下部に海水が入り、燃料が減った分の重量を補うようになっていた。自動調整装置は他のタンクにも装備され、浮上状態での艦の横揺れを少なくする効果をあげた。ディーゼルエンジンにターボ過給機を装備した改良も目立った効果をあげ、ある程度、速度が高くなった。これらの改良・変更によって、この型の艦のサイズと重量は一段大きくなった。

　VIIB型は合計24隻建造された。その内訳は最初のグループがゲルマニアヴェルフト社建造の7隻（U-45～U-51、1938年就役）、第2グループが同社建造の4隻（U-52～U-55、1939年就役）、第3のグループは3社に分けられ、フルカン社建造の4隻（U-73～U-76、1940年就役）、フレンダーヴェルフト社建造の5隻（U-83～87、1941年就役）、ゲルマニアヴェルフト社建造の4隻（U-99～U-102、1940年就役）である。

VIIB型の要目
全長　66.5m
全幅　6.2m
吃水　4.7m
排水量　753トン（水上）、857トン（潜航時）
速度　17.2ノット（31.8km/h、水上）、8ノット（15km/h、潜航時）
航続距離　6,500浬（12,040km/h、水上航走）、90浬（167km/h、水中航走）
動力　1,400bhpディーゼルエンジン2基、及びそれと連結される375bhp電動モーター2基
武装　魚雷発射管5基（艦首4基、艦尾1基）、8.8cm砲1門、2cm高角機関砲1門
乗組員　44名

VIIC型
Type VIIC

　VIIC型はVII型の3番目の派生型であり、Uボートの中で最も多く建造された型となった。もともと、C型はSuch-Gerät（捜索機器、略称Sゲレート）と呼ばれていた新型のソナー捜査装置を装備するUボートとして計画され、この装置の必要機器を搭載するために司令塔を長くし、それを運用するスペースを確保するために発令所の長さを増すように設計された。その外に、もっと小さいことだが、有効な改良が加えられた。サドルタンク（潜

航所要時間を短縮するために、ここにも注水された）の中に装備されていた小型の浮力タンク、ディーゼルエンジンのための新しいフィルターシステム、空気タンクのためのコンプレッサーの動力を電動モーターからディーゼルへ変更（システムの限界に近づいていた電力必要量を軽減した）、最新の電力スイッチングシステムの装備などである。VIIC型は1940年11月から1944年4月にかけて593隻が完成した。

VIIC型の要目
全長　67.1m
全幅　6.2m
吃水　4.8m
排水量　761トン（水上）、865トン（潜航時）
速度　17ノット（31km/h、水上）、7.6ノット（14km/h、潜航時）
航続距離　6,500浬（12,040km/h、水上航走）、80浬（148km/h、水中航走）
動力　1,400bhpディーゼルエンジン2基、及びそれと連結される375bhp電動モーター2基
武装　魚雷発射管5基（艦首4基、艦尾1基）、8.8cm砲1門、2cm高角機関砲1門
乗組員　44名

VIIC/41型
Type VIIC/41

　Uボートのいくつもの型の中で格段に建造数が多いVIIC型には、この型の中での派生型が現れた。その最初であり、主要なものがVIIC/41である。VIIC/41の特徴は広い範囲にわたる電気関係装備を更新したことだった。それまで使用されていた機器、装備の類を新型でコンパクトなものに切り換えたのである。これによって節減された重量（11トン前後に及んだ）は耐圧殻の鋼板の厚みを2.5mm増すことに当てられ、その結果、この型の最大潜水深度は250mから300mに増大した。それ以外に、耐波性を高めるために艦首の形が改良され、全長がわずかに延びた。この型は1943年8月から1944年7月にかけて70隻が完成した。

VIIC/41の要目
全長　67.2m
全幅　6.2m
吃水　4.8m
排水量　759トン（水上）、860トン（潜航時）
速度　17ノット（31km/h、水上）、7.6ノット（14km/h、潜航時）
航続距離　6,500浬（12,040km/h、水上航走）、80浬（148km/h、水中航走）
動力　1,400bhpディーゼルエンジン2基、及びそれと連結される375bhp電動モーター2基
武装　魚雷発射管5基（艦首4基、艦尾1基）、8.8cm砲1門、2cm高角機関砲1門
乗組員　44名

VIIC/42型
Type VIIC/42

　このVIIC型の派生型では、ターボ過給機を増備して速度を高めることと、艦の長さを延ばして燃料タンクの容量を拡大することが計画された。耐圧殻の材料を通常の鋼板から装甲鋼板に変え、最大潜航深度を500mまで高めることも計画されたが、この型は実際の建造まで進められずに終わった。

Uボートのエース、ギュンター・プリーン少佐がU-47の艦橋に立っている。この艦はVIIA型の初期型であり、司令塔の外板の上縁に、この時期のVIIA型の大半の特徴である外側への反りがついているのがよくわかる。後期型の司令塔の半ばの高さには、波しぶき除けのために、この反りよりも効果のある張り出しが取りつけられた。塔の側面には鼻息荒い雄牛の線画の一部が見えている。この図柄はプリーンが艦の紋章として採用したものである。塔の上縁にはジャンプワイヤーの取りつけ具がいくつも見える。

新たに進水したばかりのVIIC型、U-431。前部は幅が狭く、司令塔に近づくと幅が拡がり、その後方で再び幅が狭くなる甲板の形状と、艦の側面のサドルタンクの膨らみなど、VII型の船体の特徴がはっきりわかる写真である。船体上部の薄いグレーと水線下の暗いグレーの分かれ目の線もはっきり見える。

VIIC/43型
Type VIIC/43

　この型は基本的にVIIC/42と同じだが、VIIC型では4基だった艦首の魚雷発射管を6基に増備しようと計画されていた。この型も設計図から先には進まなかった。

VIID型
Type VIID

　VIID型は融通性のあるVII型をベースにした機雷敷設専門の派生型である。VII型の基本的な船体を発令所後部バルクヘッド（隔壁）の後方で切断し、二分した前後の船体の間に9.8mの追加部分を挿入する設計だった。追加部分には機雷3基を搭載する垂直なシャフト5基が装備された。この部分のスペースには、それまでは考えられなかった贅沢な設備、食料品冷蔵庫と、追加の燃料タンクとトリムタンクも設けられた。魚雷発射管と砲煩兵器の装備はVII型の標準通りだった。これだけの設計変更によって、VIID型は航続距離が増大したが、マイナス面もあった。重量と全長の増大と、機雷シャフト装備のために標準型よりも高くなった甲板による抵抗増のために、全面的に速度と操縦性が低下したのである。VIID型は1941年後半から翌年1月にかけて6隻が就役した。

VIID型の要目
全長　76.9m
全幅　6.4m
吃水　5.0m
排水量　965トン（水上）、1,080トン（潜航時）
速度　16ノット（30km/h、水上）、7.3ノット（13.5km/h、潜航時）
航続距離　8,100浬（15,000km/h、水上航走）、69浬（128km/h、水中航走）
動力　1,400bhpディーゼルエンジン2基、及びそれと連結される375bhp電動モーター2基
武装　魚雷発射管5基（艦首4基、艦尾1基）、8.8cm砲1門、2cm高角機関砲1門、機雷15基
乗組員　44名

艦橋改造後のVIIC型、U-377。艦橋配置の乗組員を敵機の銃火から少しでも防護しようと計画された装甲シェルターが、司令塔前部の左右の側面に熔接されている。前甲板の備砲はすでに取り外され、艦橋後方の"ヴィンターガルテン"プラットフォームは後方に延長され、そこには一段と火力の高い対空兵器が装備されている。

VIIE型
Type VIIE

ドイツ社が開発した新型の2ストロークV12軽量ディーゼルエンジンを装備するように計画された型だが、建造に着手する前に計画は放棄された。

VIIF型
Type VIIF

VIIF型はVII型の基本型にVIID型と同様な改造を加えたものであり、発令室後部バルクヘッドの後方に長さ10.5mの追加部分が挿入された。この延長部分に、自艦の戦闘用以外の魚雷24本を収納する弾庫と、同様な追加の食料品冷蔵庫と、乗組員2名のバンク（寝棚）が設けられた。VIIF型は洋上で行動中のUボートに対し、魚雷を補給する任務の艦だった。1944年5～6月に4隻（U-1059～U-1062）が就役した。

VIIF型の要目
全長　77.6m
全幅　7.3m
吃水　4.9m
排水量　1,084トン（水上）、1,181トン（潜航時）
速度　16.9ノット（31.3km/h、水上）、7.9ノット（14.6km/h、潜航時）
航続距離　9,500浬（17,590km/h、水上航走）、75浬（139km/h、水中航走）
動力　1,400bhpディーゼルエンジン2基、及びそれと連結される375bhp電動モーター2基
武装　魚雷発射管5基（艦首4基、艦尾1基）、8.8cm砲1門、2cm高角機関砲1門
乗組員　46名

VIIC型の改造型
Type VIIC Variants

VII型系列のいくつもの型の中で、最も建造数が多く広範囲で活動したのはVIIC型である。同時に、VIIC型は基本的なVII型のデザインの上に加えられた改造や改良が最も多い型である。これまでに説明した派生型の基本型からの変化は主に艦の内側での改造の結果であり、写真に写った艦の外観に現れるものではない。しかし、戦闘の状況の変化に伴っ

右頁下●2隻並んだ初期のVIIC型。司令塔は"トゥルム0"と呼ばれる基本的な型式であり、艦橋の後方に円形プラットフォームが1つ設けられ、そこに2cm高角機関砲1門が装備されていた。注目すべきなのは画面右側の艦の排気口の周りがひどく汚れており、それと対照的に左側の艦の塗装が新品同様に汚れがないことである。後者は最近就役したか、またはオーバーホールを終わって間もない艦なのだと思われる。舫（もやい）綱が巻き留められている2本ひと組の繋船柱（ボラード）は、潜航する時には抵抗を減らすために引き込められるようになっていた。

VIID型機雷敷設Uボートの1隻。この型は司令塔の後方に甲板よりも一段高い構造物が設けられているので、識別しやすい。

て重要な改造がいくつも加えられ、その中には個々の型の外観にはっきりと現れるものがあった。それは主に司令塔の形状の改造である。

　連合軍の対潜水艦戦闘能力は着実に高まり、その中で航空機によるUボート攻撃は重要な役割を担っていた。このため、VII型基本型に装備された対空火器、2cm単装高角機関砲1基がまったく不十分であることはすぐに明白になった。実際には、どれだけ対空火器が強化されても、あえて敵機と交戦しようとするUボートはほとんどなかった（それ以外に選択する途がなかったために浮上状態を続け、敵機と交戦して撃墜することに成功した艦の例が、いくつも記録に残ってはいるが）。

　司令塔の基本型では艦橋の後方の部分に円形のプラットフォームが設けられ、そこに2cm単装高角機関砲1基が装備されていた。その後、いくつもの改造型が現れ、各々に型式番号がつけられた。基本型は"トゥルム 0"（Turm 0 ＝ 0型司令塔）と呼ばれた。

　対空防御強化のために最初に計画された改造は、司令塔上部、艦橋後方のプラットフォームの横幅を拡大して、対空装備を2cm単装高角機関砲1基から2cm連装機関砲2基に増強する案だった。

　次に計画された"トゥルム1"（1型司令塔）は、艦橋後方のプラットフォームの後方の、一段低い位置に第2のプラットフォームを設け（この種の下段プラットフォームはUボート乗組員の間で"冬の庭園"（ヴィンターガルテン）と呼ばれるようになった）、そこに2cm連装高角機

関砲1基を装備する設計だった。このデザインは1942年6月に承認された。

　しかし、"トゥルム1"に装備する新型機関砲の供給に問題があったため、"改造2型"が計画された。これは基本型の艦橋後方のプラットフォームと、その後方の一段低いプラットフォームの両方に2cm単装機関砲各1基を装備するデザインだった。この型式の司令塔は1942年12月から実用化され始めた。

　"トゥルム3"は艦橋後方のプラットフォームの横幅を拡げ、2cm単装機関砲2基を横並びに装備する型式だった。この型式が採用された艦は少なく、VIID型に限られていた。

　"トゥルム4"は最も広く使用された司令塔の型式となった。艦橋後方のプラットフォームの横幅を拡げて2cm連装高角機関砲2基を装備し、後方下段のプラットフォームに2cm四連装高角機関砲（Flakvierling＝四連対空砲）を装備した。四連砲はだんだんに3.7cm単装高角機関砲に換装されていった。

　"トゥルム5"は試験的な型で、Uボート1隻（U-362）に採用されただけだった。上段プラットフォームに2cm連装機関砲2基、後方下段に2cm単装機関砲1基を装備し、4基目の2cm四連装砲1基を司令塔の前の甲板に設けた特別プラットフォームに装備した。

　"トゥルム6"もあまり広くは採用されず、2隻（U-673、U-973）がこの型式に改装されただけだった。艦橋後方のプラットフォームに2cm連装高角機関砲2基、その後方下段に3.7cm単装機関砲1基が装備され、前甲板の司令塔から少し離れた位置の台座に2cm連装1基が装備されていた。

　"トゥルム7"はアイディアだけの型で、司令塔がこの型式に改装された艦は1隻もない。この型は司令塔の前部と後部に一段低いプラットフォームを設け、そこに3.7cm連装高角機関砲各1基を装備しようと考えられた。

　"対空砲ボート"は敵機と対等に近い程度に戦闘できる対空火器を装備した艦として計画され、数隻のUボートが1943年5月から11月にこの型に改造されることになった。"トゥルム7"と同じく、司令塔の前部と後部に一段低いプラットフォームを設け、前部には2cm四連装高角機関砲1基、後部には3.7cm単装機関砲1基を装備したのがこの型である。最初の1隻、U-44はサンダーランド四発飛行艇1機を撃墜することに成功したが、かさばった形状になった司令塔と大型の火器のために潜航に移る所要時間と運動性にマイナスの影響があると判断された。このため、"対空砲ボート"への改装は途中で取り消され、改造済みの艦も含めて、全艦"トゥルム4"に最改装された。

VIIC型の大戦後期のUボートの航走中の後甲板。艦橋後方の上段対空砲プラットフォームから見下ろした場面である。下段プラットフォームに装備された2cm四連装高角機関砲がはっきりと見える。この火器は限られた数の艦に装備されただけである。

このU-995は現在唯一、完全な状態に復元され、保存されているVIIC型Uボートである。ドイツ海軍記念館に近いラボー（キール湾口東側）の海岸で、コンクリートの台座に固定されており、来訪者に公開されている。この艦の司令塔は"教科書通り"のトゥルム4型であり、上段プラットフォームに2cm連装機関砲2基、下段には3.7cm機関砲1門が装備されている。

VII型の内部
Internal Description

　潜水艦の中核はもちろん、耐圧船殻である。VII型の場合、耐圧船殻は断面が円形であり、艦の中部では同直径の筒状であって、艦首と艦尾に近づくと少しずつ細くなっている。この船殻は最大2.2cm厚の圧延鋼材を熔接した構造である。全体は6つの部分で構成され、それに艦首と艦尾のキャップが加わっていた。耐圧船殻の外周には外殻が取りつけられ、その間の空間は海水が自由に流入、流出し、換気ダクト、配管、配線、収納庫の配置スペースになっていた。

　艦首からスタートし、後方に向かって艦の内部を順次ご説明しよう。最初の区画は前部魚雷発射管室であり、そこには発射管4基の後部が突き出ている。天井には魚雷を操作して発射管に装填するためのホイストと、魚雷を艦外から搭載する傾斜ハッチが配置されている。この区画の後部の両側には2段バンク（寝棚）3組が取りつけられている。バンクの下には圧縮空気のシリンダーが収納され、魚雷室居住の水兵が使用する折り畳み式テーブルもそこに収納されている。床の下のスペースには予備の魚雷2本が収納され、その下には艦首トリムタンクが配置されている。

　最初のバルクヘッドを通り抜けた先、次の区画は、高級下士官の居住区であり、左右両側に2段バンクが2組ずつ取りつけられている。

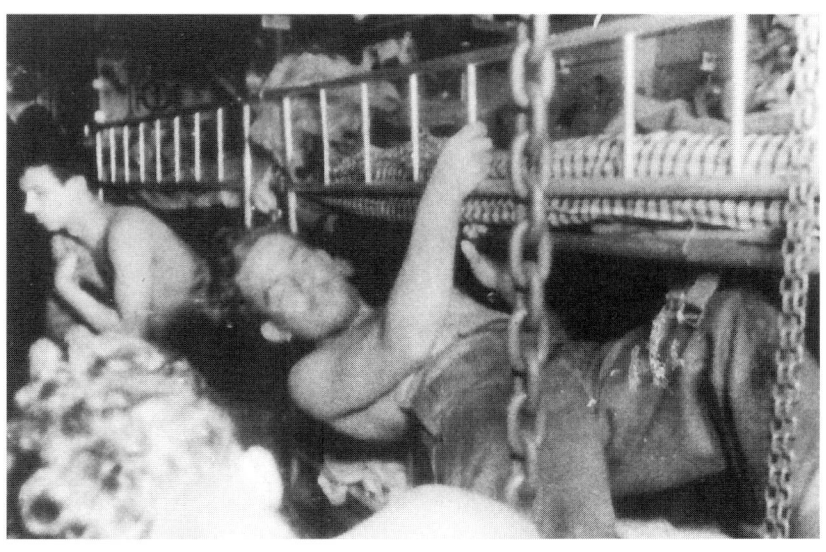

艦前部の水兵居住区。行動中のUボートの乗組員の生活条件がどれほど窮屈だったか、一目でわかる。吊り下がっている鎖は魚雷巻き揚げ装置の一部である。

次のバルクヘッドを通り抜けた先には士官居住区がある。そこには2段バンクが2組配置されているが、艦長以外の士官は通常3名なので、バンクひとつは畳まれたままである。左舷側には小型のテーブルが取りつけられている。

その後方の左舷の側に艦長のバンクがある。彼の"居住区"の入口はカーテン一枚で区切られており、彼は艦内でただ一人、ごくわずかなプライバシーを保つことを許されている。中央の通路を隔てて艦長のキャビンの向い側、つまり右舷の側には無線通信とソナー操作の区画があり、これらの装置で得られた重要な情報は即座に艦長に報告されるようになっている。この区画の床の下には前部バッテリーと備砲の弾薬ロッカーが配置されている。

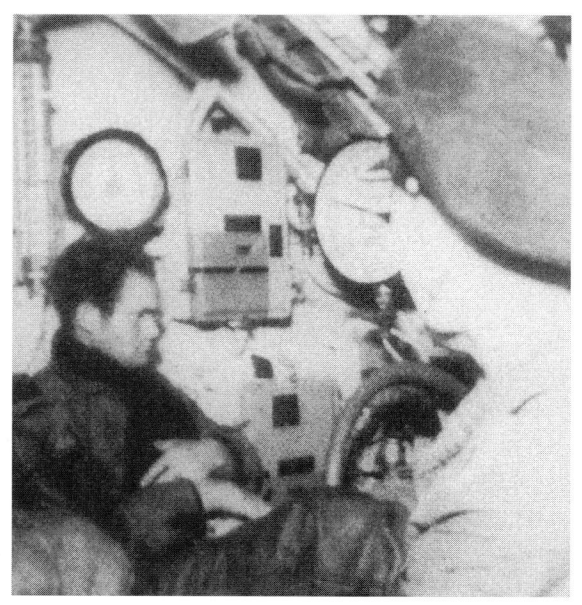

VIIC型Uボートのツェントラル区画の潜舵操作装置。画面左上に見える円盤形計器は深度計である。

この区画の後方が艦の中央部、"ツェントラル"であり、前後を高圧バルクヘッドで仕切られたこの区画は艦の活動の中核となる発令所である。この区画の艦首寄り、右側には艦の重要な操作装置が多く集められている。潜舵操作装置、航海士作業テーブル、ビルジ（艦底汚水）調整補助ポンプなどである。左側には潜望鏡操作モーター、排気主コントロール装置、ビルジ調整主ポンプ、飲料水タンクが配置されている。この区画の中央には潜望鏡収納チューブが上下に通っている。空中監視と航法用の主光学装置である潜望鏡は発令所に配置されているのである。

発令所の真上には司令塔がある。司令塔の中の小さいスペースが艦長の攻撃指揮所になっている。この狭い区画には攻撃用潜望鏡、攻撃用計算機、羅針盤、司令塔の外に出るハッチが詰め込まれている。ツェントラルの床の下にはバラストタンクと燃料槽がある。

発令所区画の後方のバルクヘッドを通り抜けた先には、下士官の居住区があり、左右の側面各々に2段バンク2組が取りつけられている。この区画の後方は片側がこの艦のささやかな調理室、もう一方の側は後部トイレと食料品貯蔵庫になっている。この区画の床下には後部バッテリーが配置されている。

次のバルクヘッドの後方には機関室がある。この比較的窮屈な区画の左右の頑丈な台座の上には、各々1基のディーゼルエンジンが装備され、その間には幅の狭い通路がある。その後方のバルクヘッドを通り抜けると、モーター室に入る。ここにはディーゼル機関と同じシャフトに連結される電動モーター2基が装備されている。この区画には、この艦のあまり大きくない冷蔵庫のためのコンプレッサー、主配電パネル、後部魚雷発射管も装備されている。1基のみの後部発射管から発射された魚雷は2枚の舵の間を通り抜ける。この区画の床下には艦尾トリムタンクが配置されている。

VII型の艦外艤装
External Fittings

Uボートの甲板は木材張りである。木材の縦長の板は水はけを良くするために1cm間隔を置き、縦方向に沿って張ってある。冬季に金属張りの甲板より結氷の程度が低いので、木板張りが採用されていた。

艦の外殻と耐圧船殻の間のスペースは海水が自由に出入りするようになっていて、VII型の外殻の側面には多数の排水スロットが見える。スロット（切れ目）の数と位置は建造

した造船所によって異なっている。艦の前部の外殻と耐圧船殻の間のスペースは、予備魚雷の収納チューブの搭載場所に使われた。一部の艦では、それに代わって救命ラフトを収納した水密コンテナが搭載された。

艦首から後方に向かうと、甲板から耐圧船殻内の前部魚雷発射管室に魚雷を搭載するための傾斜ハッチがある。ここから頭部を先にして送り込まれた魚雷は、先端を発射管の後部に向け、すぐ装填できる位置に置かれる。魚雷搬入ハッチの少し後方には、備砲の弾薬をある程度の数だけ収納しておく水密構造の砲側弾薬コンテナが甲板の下に配置されている。砲員たちはこの弾薬を使って迅速に砲撃を開始することができ、その間にツェントラル区画の床下の弾薬庫から砲撃継続のための弾薬が運び上げられるのである。

一部の初期の艦では、第一次大戦以来の装備、鋸刃のついた防潜網カッターが艦首の甲板上に取りつけられていたが、第二次大戦勃発の頃までには大半が取り外されていた。艦首と艦尾には引込式の繋船柱があり、艦首／艦尾と司令塔の中間の右舷と左舷、合計4カ所には補助的な繋船柱が装備されている。甲板前部には引き込み可能な錨鎖巻き揚げ機と、同じく引き込み可能な水中聴音器のセンサーが装備されている。

司令塔はこれまで説明したように、艦ごとに、または大戦中の時期によって様々な相違がある部分である。一般的にいって、司令塔の前面と側面の1.5mほどの高さまでは、様々な危険に対してある程度乗組員を防護する構造になっている。艦橋の後部は天井がなく、そこからは後方の円形プラットフォーム——その周囲には安全のために手摺が取りつけられている、——につながっている。艦橋自体には潜望鏡を支持する台架、UZO（Uberwasserzieloptik＝魚雷照準光学装置）の柱脚、羅針箱が装備され、司令塔の右の側面には方向探知器の引込式のループを収納するスロットがある。

後部甲板には特徴的なものが少ない。ただひとつ目立つのは後部魚雷発射管室への魚雷搭載ハッチのみであり、これを除いて、後部甲板の下の海水出入り自由のスペースは司令塔後部外板に至るまでほぼ全体にわたって、ダクトの類の配置場所として使われている。VIIA型とVIIB型ではかなり大きいダクトが司令塔の外板にも取りつけられたが、VIIC型では司令塔の内側に移されている。

艦首の先端近くから1本の太いアンテナケーブルが後方に延び、司令塔の少し手前で2本に分かれ、1本は塔の頂部より少し下の点につながり、もう1本は塔の上縁の係止点につながっている。一方、司令塔から2本のケーブルが後方に延び、艦尾近くの両舷のアンカーポイントにつながっている。

VIIC型Uボートの前甲板を司令塔に向かって歩いてくる艦長（画面右側）と彼のL.I.（Leitender Ingenieur＝先任機関士）。ジャンプワイヤーの絶縁体ブロックがいくつも、はっきり写っている。画面左下の隅に見える円形は、8.8cm砲の砲側弾薬ロッカーのハッチ（閉じられている）である。8.8cm砲の砲身が艦長の正面の方向に突き出しているのが写っている。

◎VII型建造の詳細

デジマグ社、ブレーメン

(型式)	(艦番号)	(建造数)
VIIA	U-27からU-32	6隻

（この社は主にIX型の建造に当たった）

ゲルマニアヴェルフト社、キール

(型式)	(艦番号)	(建造数)
VIIA	U-33からU-36	4隻
VIIB	U-45からU-55	11隻
VIIB	U-99からU-102	4隻
VIIC	U-69からU-72	4隻
VIIC	U-93からU-98	6隻
VIIC	U-201からU-212	12隻
VIIC	U-221からU-232	12隻
VIIC	U-235からU-250	16隻
VIIC	U-1051からU-1058	8隻
VIIC	U-1063からU-1065	3隻
	合計	80隻

ブレマー・フルカン社、フェゲザック

VIIB	U-73からU-76	4隻
VIIC	U-77からU-82	6隻
VIIC	U-132からU-136	5隻
VIIC	U-251からU-300	50隻
VIIC	U-1271からU-1279	9隻
	合計	74隻

ダンツィハーヴェルフト社、ダンツィヒ

VIIC	U-401からU-430	30隻
VIIC	U-1161からU-1172	12隻
	合計	42隻

フレンダーヴェルフト社、リューベック

VIIB	U-83からU-87	5隻
VIIC	U-88からU-92	5隻
VIIC	U-301からU-330	30隻
VIIC	U-903からU-904	2隻
	合計	42隻

ノルトゼー・ヴェルク社、エムデン

VIIC	U-331からU-350	20隻
VIIC	U-1101からU-1110	10隻
	合計	30隻

フレンスブルガー・シフスガウ社、フレンスブルク

(型式)	(艦番号)	(建造数)
VIIC	U-351からU-370	20隻
VIIC	U-1301からU-1308	8隻
	合計	28隻

ホヴァルツ・ヴェルク社、キール

VIIC	U-371からU-400	30隻
VIIC	U-651からU-683	33隻
VIIC	U-1131からU-1132	2隻
	合計	65隻

シュテュルケン・ゾーン社、ハンブルク

VIIC	U-701からU-722	22隻
VIIC	U-905からU-908	4隻
	合計	26隻

シハウヴェルフト社、ダンツィヒ

VIIC	U-431からU-450	20隻
VIIC	U-731からU-750	20隻
VIIC	U-825からU-828	4隻
VIIC	U-1191からU-1210	20隻
	合計	64隻

ドイッチェ・ヴェルク社、キール

VIIC	U-451からU-458	8隻
VIIC	U-465からU-486	22隻
	合計	30隻

ブローム・ウント・フォス社、ハンブルク

VIIC	U-551からU-650	100隻
VIIC	U-951からU-1031	81隻
	合計	181隻

クリークスマリーネヴェルフト (海軍造船所)、ヴィルヘルムスハーフェン

VIIC	U-751からU-779	29隻

オダー・ヴェルク社、シュテッティン

VIIC	U-821からU-822	2隻

フルカン社、シュテッティン

VIIC	U-901	1隻

ネプトゥーンヴェルフト社、ロストック

VIIC	U-921からU-930	10隻

左の表に列記したのは実際に竣工した艦だけである。この外に、建造開始された後、竣工まで進まなかったもの、途中で解体されたもの、企業への発注が取り消されたものがある。（いずれも艦番号はつけられていた）。

VII型の作戦行動
Operational Use

大戦全期にわたって、いくつもの異なった型のUボートを使用した戦隊は数多い。しかし、それら以外の戦隊は、例外的に他の型が一部混じったとしても、使用した大半の艦は特定の型だったと思われる。使用した艦の大半がVII型だったのは次の8個戦隊である。

第1Uボート戦隊	VIIB、VIIC、VIID
第3Uボート戦隊	VIIB、VIIC
第6Uボート戦隊	VIIB、VIIC
第7Uボート戦隊	VIIの様々な型
第9Uボート戦隊	VIIC、VIID
第11Uボート戦隊	VIIC
第13Uボート戦隊	VIIC
第14Uボート戦隊	VIIC

全体で700隻以上も建造されたVII型は、Uボートの型の中で他の型を大きく引き離した高い戦果をあげた。ドイツ海軍は潜水艦兵力再建の際に、少数の大型艦を建造するよりも、小型から中型の艦を大量に揃える方針を決定し、VII型はその方針にうまく適合していた。艦のサイズはあまり大きくなく、比較的楽に建造できる型だったが、信頼性の高い設計であることが実戦によって明らかになり、大西洋全域にわたって活躍した。VII型の行動能力を制約するのは搭載する燃料の量と魚雷の本数だけだった。

VII型が潜航に移る所要時間は大型のIX型より短く、この重大な性能は乗組員たちにありがたがられた。そして、安全上の最大限度と指示されている深度以上に深く潜航し、異常がなかった例も少なくなかった。乗組員たちにとってこの型の艦の最も大きな"マイナス面"は、艦内の極端な窮屈さだった。スペースは貴重なものであり、艦内の生活条件は出航後、急速に苛酷なものになっていった。大型のIX型の艦内はいくらかスペースの余裕があ

VIIC型の初期型の艦橋後方の対空砲プラットフォームのスペースは比較的狭いのだが、この写真ではU-46の乗組員の半分以上がここに収まっている。Uボートの乗組員たちが、ここに写っているように外出用のブルーの制服をきちんと着込んで並ぶことはきわめて珍しい。このような記念写真撮影は艦の就役式などの特別な日に限られていた。U-46の艦長、エンゲルベルト・エントラス少佐は1940年9月5日に騎士十字章を授与され、この写真はその祝賀の記念撮影である。

り、生活条件もやや楽だったが、急速潜航性能がやや劣るIX型は浮上状態で攻撃を受けた場合の危険の程度が高いので、多くの乗組員たちにはVII型の方が比較的〝安全〟なボートだと思われていた。

　VII型にはいくつもの派生型があるが、全体としてUボートの戦いに最も大きな影響力を持った型だったことには疑いの余地はない。大戦の全期間にわたって、VII型のボートは2,600回以上の戦闘出撃を重ねた。そして、この出撃によって、軍艦190隻を含む1,365隻前後の撃沈戦果をあげた。700隻以上建造されたVII型Uボートのうち、400隻以上が敵の攻撃によって沈没した。これらの喪失艦の大半では乗組員全員が艦と運命を共にした。第二次大戦中のUボート乗組員の戦死者の合計は約2万名であり、そのうちの2万名前後、約73パーセントがVII型の艦の乗組員である。腕の良い艦長の指揮下にあったVII型のボートがどれほど大きな活躍を見せたかは、第二次大戦の戦果高位のUボート艦長のリストに目を通し、彼ら各々がどの型のボートを指揮していたかを見てみれば、すぐに調べることができる。

　1939年9月17日、オットー・シュハルト少佐が指揮するVIIA型Uボート、U-29は英国海軍に大戦で最初の打撃をあたえた。アイルランド西海岸の沖合でUボート索敵攻撃作戦に当たっていた航空母艦カレージャスを撃沈したのである。シュハルトはその後も撃沈戦果を重ね、12隻、合計83,700トンに達した後、陸上での指揮官職に転補された。彼は1940年5月に騎士十字章を授与され、戦後に西ドイツ海軍が創設された時に参加した。

　しかし、第二次大戦でUボートによって最初に世界を驚かす華々しい戦果をあげたのはギュンター・プリーン少佐である。プリーン艦長が指揮するU-47は、1939年10月14日、英国海軍本国艦隊の根拠地であるスカパ・フロー泊地に侵入することに成功し、戦艦ロイアル・オークを撃沈したのである。この艦自体は旧式戦艦であり、撃沈されても本国艦隊の戦力に大きな影響はなかったが、安全に防護されているはずの泊地にUボートが侵入し、主要な艦を撃沈して、同時に大きな人員損害をあたえ、そして無事に脱出したという事実によって、英国海軍はまったく面目を失った。もちろん、ドイツ側はこの〝快挙〟をプロパガンダ戦に100パーセント利用した。カレージャス喪失から1カ月たらずのうちに起きたこの事態は、英国海軍の士気に重大な影響を及ぼした。プリーンの艦の乗組員全員に鉄十字章が授与され、プリーンには鉄十字章の騎士十字章＊が授与された。

　＊訳注：騎士十字章は第二次大戦の初期に、鉄十字章の中の高位の勲章として制定され、その後、上位の勲等を示すために騎士十字章に加える飾り――柏葉飾り、剣飾り、ダイヤモンド飾り――が次々に制定された。

　プリーンが指揮していたU-47は初期のVIIB型であり、その後も活躍を続けた。プリーンは撃沈戦果のトン数を急速に伸ばし、スカパ・フローでの成功がまぐ

後期型のVIIC型の艦首から司令塔を写した写真。大戦の後半には、VIIC型はこの艦のように前甲板の8.8cm砲は取り外され、対空火器が増強された。珍しく、この艦は内陸部の幅の狭い水路を航行しているものと思われる。

バルト海で訓練中のVIIC型Uボート。司令塔の横の甲板の幅は非常に狭い。IX型ではこの幅がもっと広くなった。

カラー・イラスト

解説は47頁から

A：ドイツ海軍初期のUボート

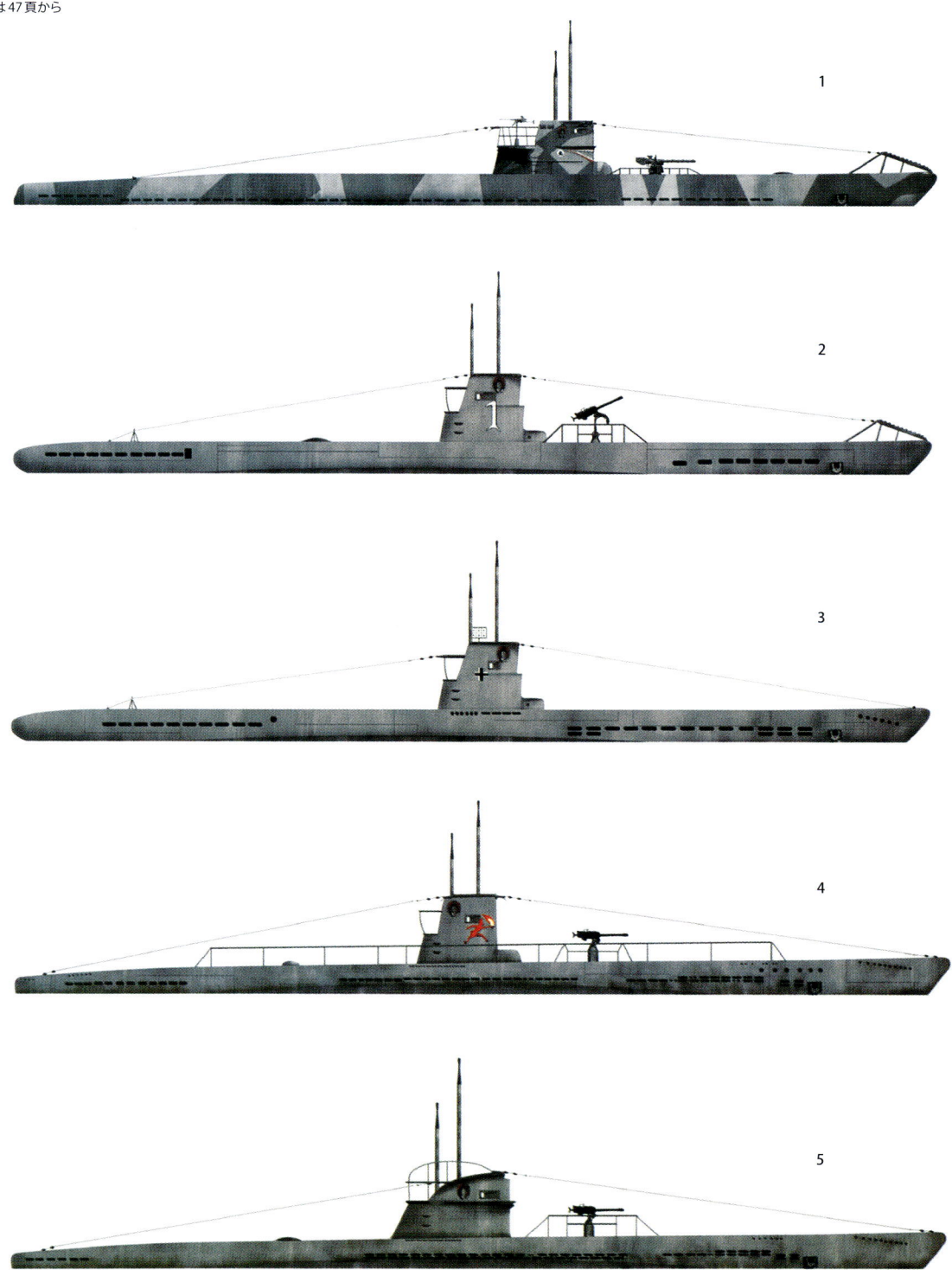

1

2

3

4

5

25

A

B：Uボートの攻撃を受けた商船の生存者たち

C:VII型シリーズの派生型

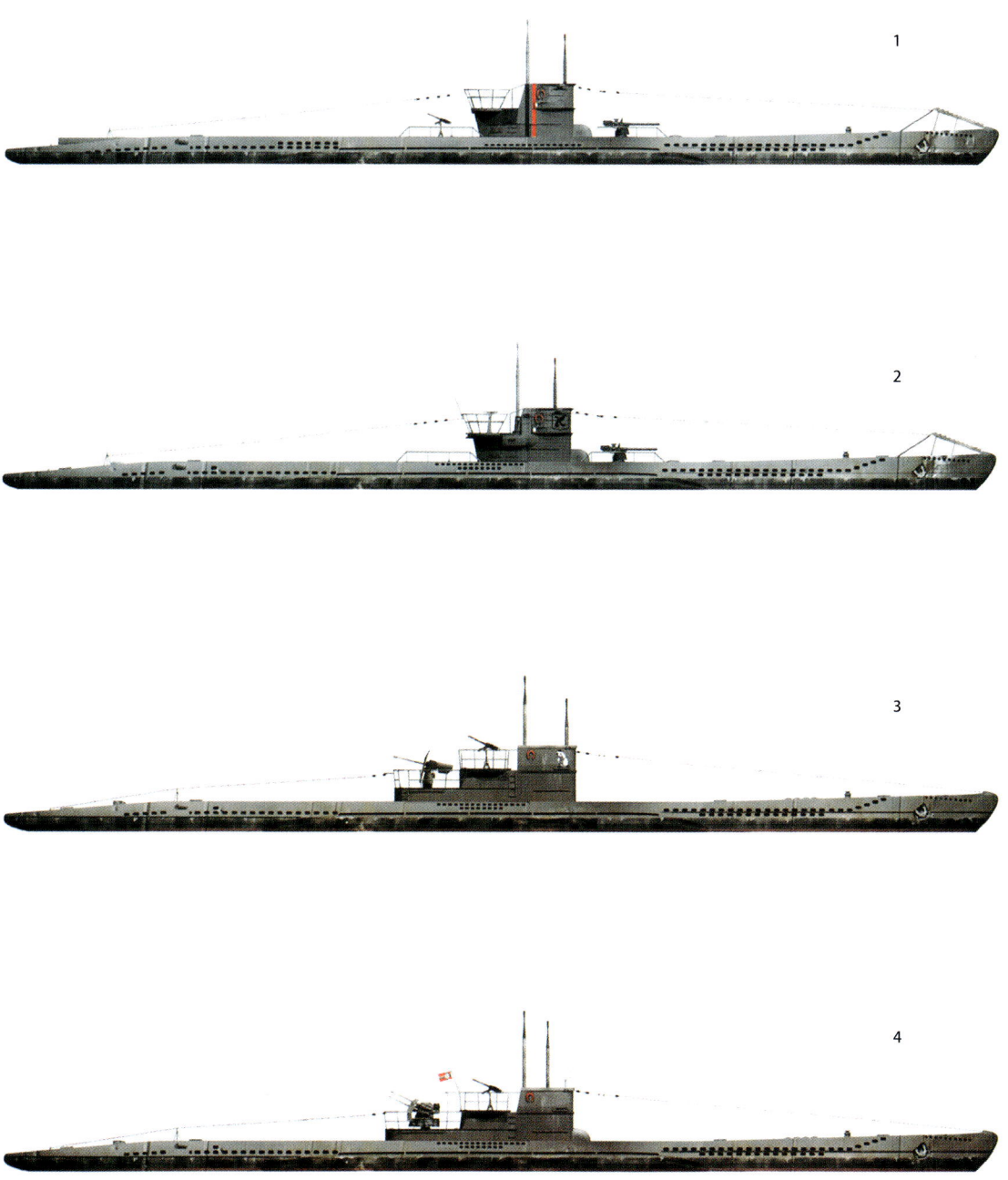

1

2

3

4

C

図版D
VIIC/42型の艦内レイアウト

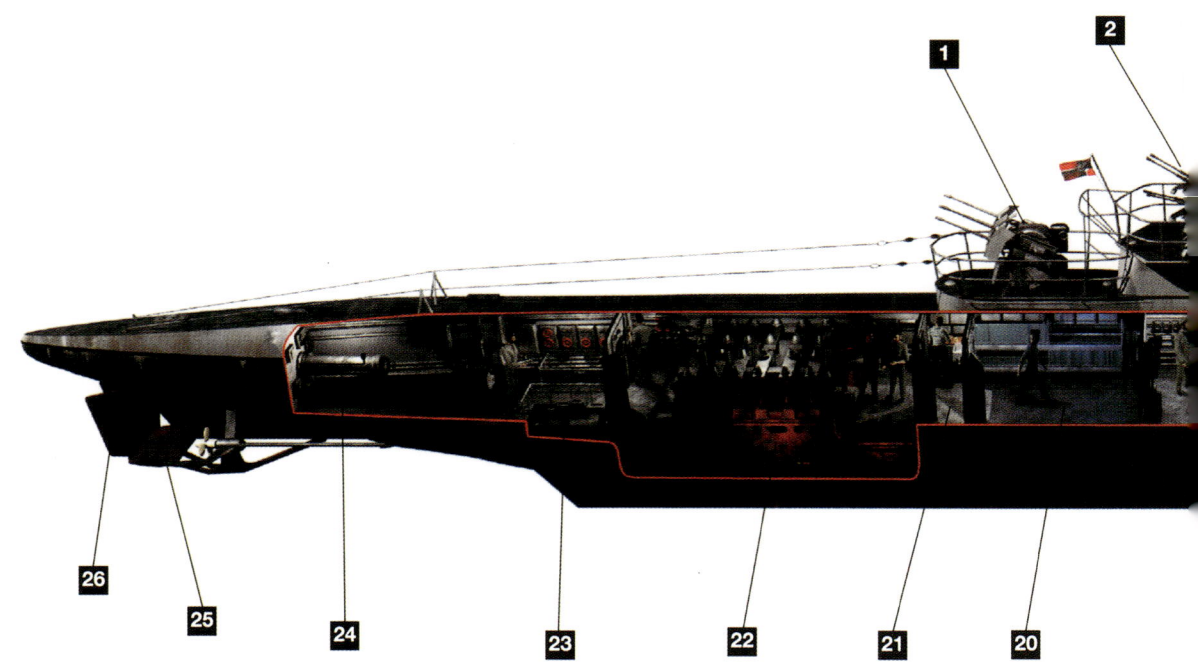

VIIC/42型の要目	各部名称		
全長：67.1m	1. 2cm四連装高角機関砲	14. 艦首魚雷発射管	
全幅：6.2m	2. 2cm連装高角機関砲	15. 前部魚雷発射管室	
吃水：4.8m	3. 航海用潜望鏡	16. 下級乗組員居住区	
排水量：水上761トン	4. 攻撃用潜望鏡	17. トイレ	
速度：水上17ノット（31km/h）	5. 方向探知装置ループアンテナ	18. 艦長攻撃指揮所	
潜航時7.6ノット（14km/h）	6. 救命ベルト	19. 発令所	
航続距離：水上航走 6,500浬（12040km/h）	7. 艦長キャビン	20. 下士官居住区	
乗組員：44名	8. 士官居住区	21. 調理室	
武装：魚雷発射管5基（艦首4基、艦尾1基）	9. 上級下士官居住区	22. ディーゼルエンジン	
魚雷14本	10. 膨張式救命ラフト収納水密コンテナ	23. 電動モーター	
2cm連装高角機関砲2基	11. キャプスタン（巻揚げドラム）	24. 艦尾魚雷発射管	
2cm四連装高角機関砲1基	12. 錨	25. 艦尾潜舵	
	13. 艦首潜舵	26. 舵	

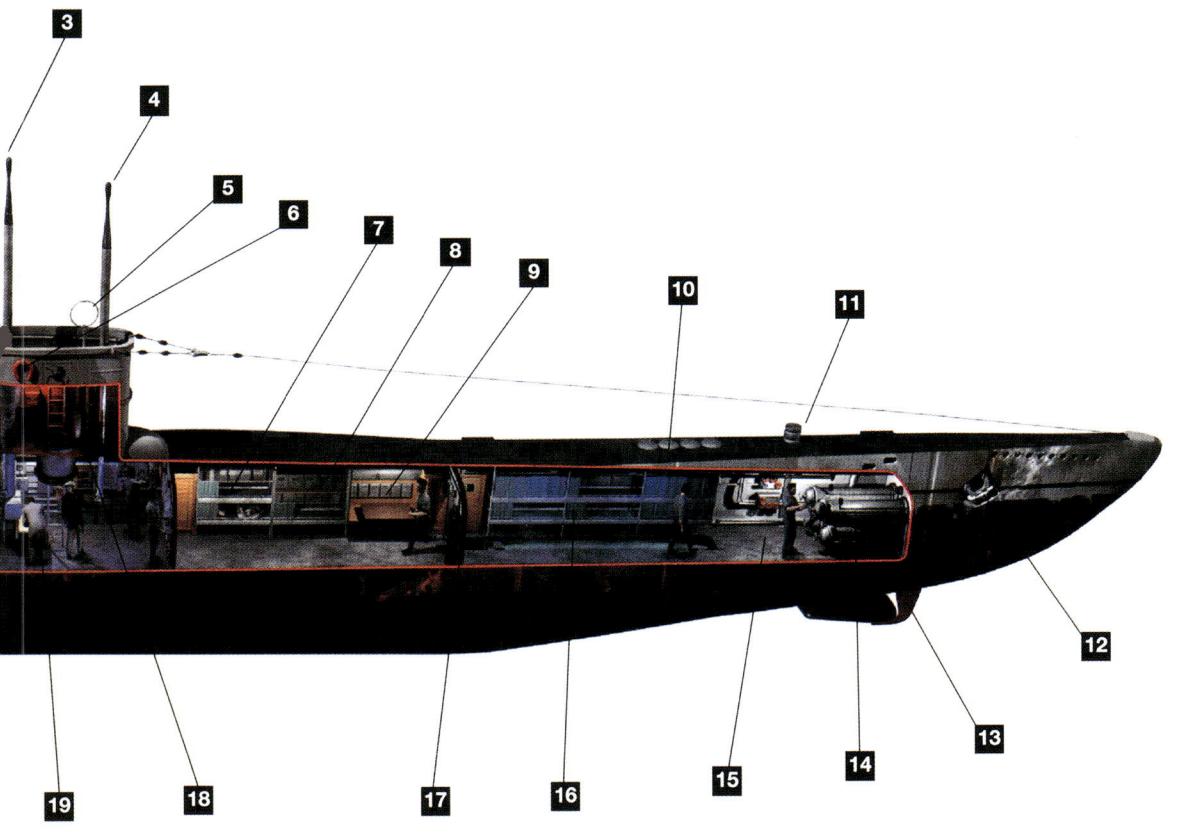

E：VII型の甲板上の武器配置

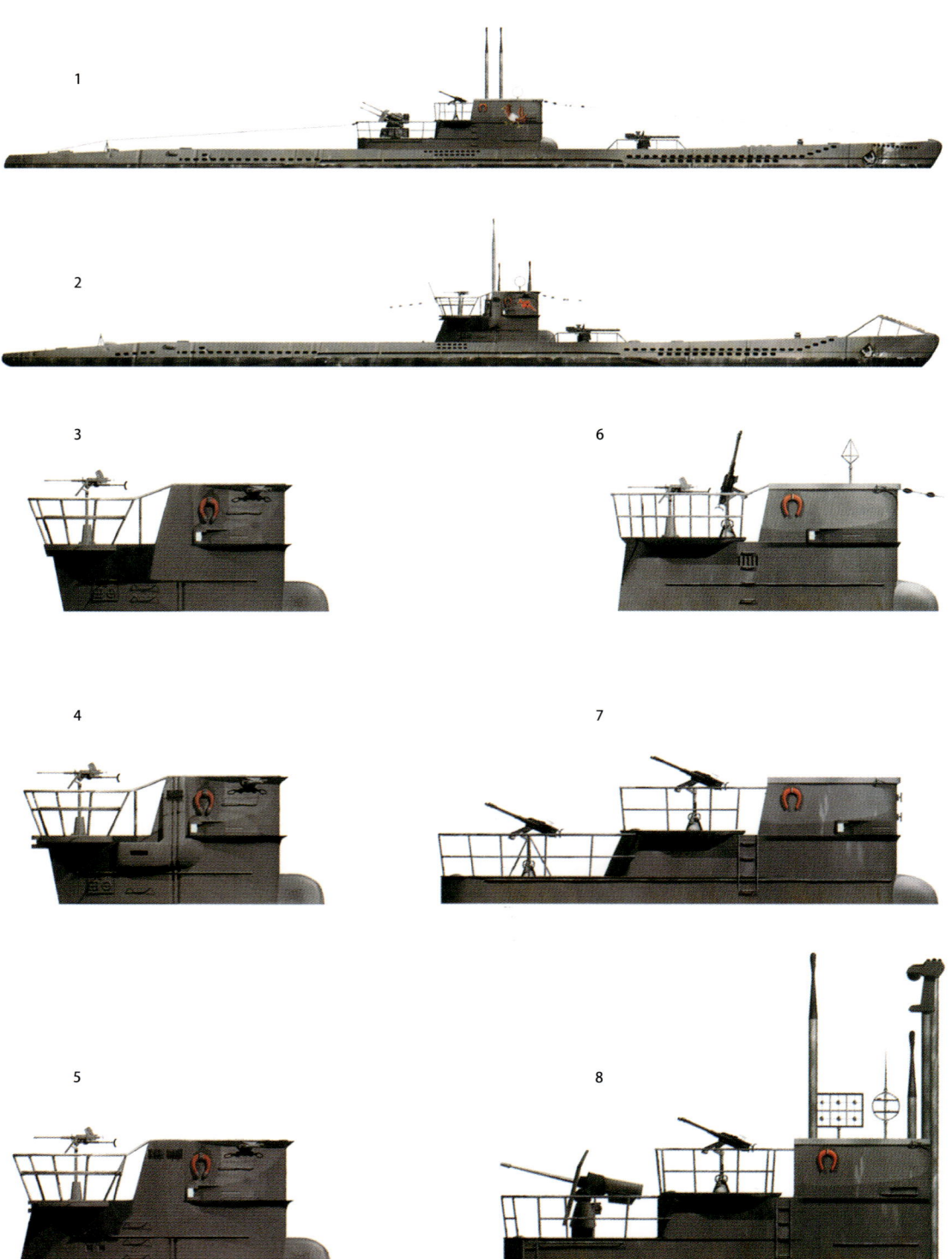

E

F：敵機との戦闘

G:特殊用途の型

1

2
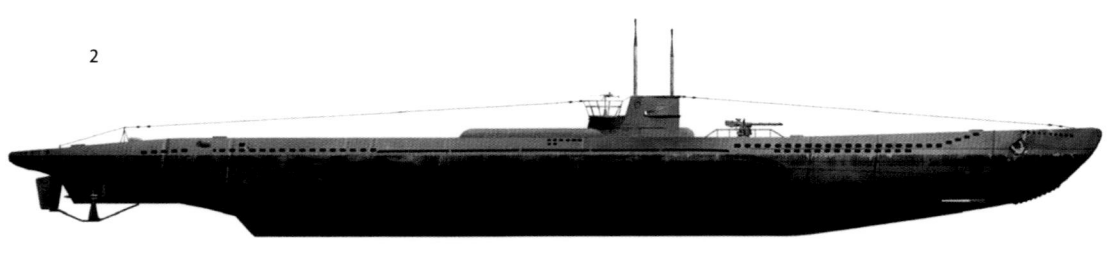

3

母艦の横に繋留されたVIIC型のUボート。長い戦闘航海の後、艦内は湿気がひどいので、乗組員たちはこの機会に毛布を空気に当てて乾燥させるため、ジャンプワイヤーに並べて掛けている。舷側の薄いグレーと対照的に、サドルタンクの濃いグレーの塗装が目立って見える。

れ当たりではなかったことを、見る間に明らかにした。彼の戦果は撃沈31隻、192,000トンに達したが、1941年3月7/8日の夜、U-47は護送船団に接近した時に英軍の駆逐艦ウールヴァリンに襲われ、爆雷によって撃沈された。生存者は皆無だった。プリーンは1940年10月20日、騎士十字章柏葉飾りを死後授与された。

ヨアヒム・シェプケ少佐はVIIB型、U-100の艦長として、プリーンと同じ時期に活躍した。プリーンとは違って、彼の戦果の中には華々しい敵の大型艦撃沈はなかったが、着実に情け容赦なく次々と商船撃沈を重ねていった。彼は1940年9月24日に騎士十字章を授与された。1941年3月17日の夜、アイルランドの北西の洋上で僚艦10隻と共に大規模な護衛船団に対する攻撃に参加したU-100は、浮上したまま目標に接近していく時、英軍の駆逐艦ヴァノクの衝突攻撃を受けて撃沈された。この時、シェプケは艦橋に立っていて、衝撃によって潜望鏡の支持台に叩きつけられ、乗艦と共に海に沈んだ。戦死の時までの彼の戦果は撃沈37隻、合計145,000トン以上であり、12月20日には柏葉飾りを死後授与された。

3人目の、そして最も高い戦果をあげたVII型ボートの"エース"はオットー・クレッチュマー大佐である。クレッチュマーは無口で生真面目な人物だったので、"おとなしオットー"というニックネームをつけられた。しかし、U-99の艦長としての彼の戦いぶりは、その仇名とは大違いだった。クレッチュマーは最初の戦闘出撃で敵の船舶11隻を撃沈した。1940年8月4日には騎士十字章を授与され、ちょうど3カ月後の11月4日には柏葉飾りを授与された。彼の戦果は56隻、合計313,600トンまで延びたが、ここで彼はついに手強い相手に遭遇して倒された。1941年3月17日、彼のU-99はシェプケが戦死した船団攻撃に参加し、戦闘中に急速潜航して英軍の駆逐艦ヴァノクとウォーカーの攻撃から逃れようと図ったが、ソナーで捕捉されて爆雷攻撃を受け、浮上した後に撃沈された。幸いなことに、クレッチュマーも含めて乗組員40名は沈没する艦から無事に脱出し、大戦終結までの期間を捕虜収容所で過ごした。彼はその年の12月26日に騎士十字章の剣飾りを授与され、収容所にいる彼にも知らせがあった。クレッチュマーの撃沈戦果合計トン数を超える者はなく、彼は第二次大戦のUボートの最高エースとなった。広く人々の尊敬を集めたこの海軍士官は、戦後に創設された西ドイツ海軍に参加し、代将の階級で退役した。

Uボート護衛／補給母艦ザール。母艦の舷側に最も近い位置に繋留されている1隻はIA型、その外側の2隻はVIIA型Uボートである。舷側や司令塔の薄いグレーと対照的に、甲板は濃いグレーに塗装されている。この3隻のUボートはいずれも、防潜網カッターは撤去済みである。

　VIIC型の艦で大きな戦果をあげた艦長は数多いが、彼らは2つの主なタイプに分類される。撃沈トン数の高いエースと撃沈隻数の多いエースの2つである。U-96は疑いの余地なく、VIIC型の中で最も有名な艦のひとつであり、この艦をテーマとした映画"Das Boot"（邦題は『Uボート』、1981年製作）は好評だった。この映画は実際の1隻のUボートをベースにしているが、内容は脚色されていて、全面的に正確だとは言い難い。映画の中では艦長は戦死するが、実際の艦長、ハインリヒ・レーマン＝ヴィレンブロック大佐*はその後も戦果を重ね、無事に大戦終結を迎えた。映画の中の艦長も騎士十字章を受勲するが、本物のレーマン＝ヴィレンブロックは1941年2月26日にこれを授与され、同年12月31日には柏葉飾りを授与された。その後も戦果を重ねて撃沈25隻、合計183,000トンに達した後、陸上の指揮官職に転補され、第9Uボート戦隊、後に第11戦隊の司令の職を歴任した。

　*訳注：ドイツ海軍の階級にはFregattenkapitän（初級大佐）とKapitän zur See（上級大佐）がある。レーマン＝ヴィレンブロック大佐と後出のトップ大佐はいずれも前者である。彼らの階級が英語でCommander（中佐）、日本語で中佐と訳されている例が多い。なお、本書に記されている将校たちの階級は、多くの場合、彼らの大戦中の最終階級であると思われる。

　アダルベルト・シュネー中佐は撃沈トン数上位のエースのひとりである。彼はVIIC型のU-201の艦長として24隻、合計88,995トンを撃沈し、1941年8月30日に騎士十字章、1942年7月15日には柏葉飾りを授与された。シュネー（彼の姓はドイツ語で"雪"を意味している）は艦のシンボルとして司令塔の側面に雪だるまを描いていることが広く知られていた。大戦の後期、彼は新型のUボート、XXI型の最初のグループの1隻、U-2511（1944年9月29日就役）の艦長に任命された。大戦の終末が目前に迫った頃になってやっと最初の戦闘航海に出撃することができたが、戦闘停止の命令を受信するまでに敵と接触する機会はなかった。しかし、彼は英軍の艦艇の一群を目標として模擬攻撃を試み、まったく敵に察知されずに離脱した。

　エーリヒ・トップ初級大佐も撃沈トン数が高いVIIC型の艦長のひとりである。彼は乗艦

の紋章として司令塔に踊っている悪魔を赤い絵の具で描かせていたので、U-552は"赤い悪魔のボート"と呼ばれるようになった。トップは1941年6月20日に騎士十字章を受勲し、その後、1942年4月11日には柏葉飾り、同年8月17日には剣飾りを授与された。彼の撃沈戦果は最終的に35隻、合計192,600トンだった。戦果の中には米軍の旧式駆逐艦リューベン・ジェームズ（1941年10月31日に撃沈）が含まれている。シュネーと同じく、エーリヒ・トップは大戦末期に最新のXXI型の1隻、U-2513の艦長に任命された。シュネーも戦後の西ドイツ海軍創設の際に参加し、少将に昇進した後に退官した。人々の尊敬を集めたこの海軍将校は、長年にわたって数多くの歴史家や研究者を自宅に迎え入れてきたが、2000年になってとんでもない事件に仰天することになった。ひとりの"ゲスト"が彼の多くの勲章を、海軍士官の宝石飾りつき礼装短剣と共に盗んでいったのである。

　騎士十字章を授与されたVIIC型エースたちの中には、商船撃沈合計トン数の高さに対してではなく、敵の大型艦撃沈の華々しい戦果に対して授与された例もある。U-331の艦長、ハンス・ディートリヒ・フォン＝ティーゼンハウゼン少佐もその例のひとりである。地中海水域で行動していた彼の戦果は、撃沈2隻、合計40,435トンだった。2隻のみでこれだけのトン数になったのは、2隻のうちの一方が1941年11月25日にトブルクの北方で魚雷攻撃によって撃沈した英軍の戦艦バーラムだったためである。もう1隻の戦果は9,000トンの貨物船、リーズタウンだった。フォン＝ティーゼンハウゼンはバーラム撃沈の戦功に対して、1942年1月27日に騎士十字章を授与された。U-331は1942年11月17日、アルジェリア北方の水域で英軍の航空母艦フォーミダブルの艦載機、アルバコア雷撃機の攻撃を受け、撃沈された。フォン＝ティーゼンハウゼンと乗組員15名は救助され、戦争終結まで捕虜収容所で過ごした。

　敵艦キラーの一人はU-521の艦長、クラウス・バルクシュテン少佐である。彼の撃沈戦果は6隻にすぎなかったが、英国海軍の有名なトライバル級の駆逐艦コザックと武装トローラーのブレドンが含まれている。U-753の艦長、ヘルムート・ローゼンバウム中佐もそのひとりであり、撃沈数は同じく6隻だが、その中には英国海軍の航空母艦イーグルが含まれている。

II型Uボートの写真は大戦前の薄いグレー塗装の姿が写っているものが大半である。母艦の横にIIA型とIIB型各1隻が繋留されている場面のこの写真は、大戦中に撮影されたものである。母艦は大戦中の直線分割スプリンター・タイプのカムフラージュ塗装であり、画面手前のIIA型は濃い目のグレー塗装である。その後方のIIB型は薄いグレーの塗装のままである。この時期には、これらの2隻は訓練任務に当てられていたと思われる。

英国海軍で最も有名な艦の1隻、航空母艦アーク・ロイアルを沈没させたのもVIIC型のUボートである。26歳の艦長、フリートリヒ・グッゲンベルガー少佐が指揮するU-81は地中海水域に到着して間もなかったが、1941年11月13日、ジブラルタルへの帰途にある英国海軍のH部隊攻撃に参加し、アーク・ロイアルに魚雷1本を命中させた。同艦は右に大きく傾斜し、曳航されてジブラルタルへ向かったが、翌日早朝、同港まで46kmの地点で総員退去の後に沈没した。同艦"撃沈"はドイツのプロパガンダ攻勢の強力な材料となった（実際の沈没より大分前に、ドイツは撃沈を発表した）。その後の調査により、総員退去発令は時期尚早であり、これがなければ同艦は帰還できたかもしれないとの見方が出されたこともあって、同艦喪失によって英国海軍は実質と面目の双方で大きな打撃を受けた。

　最も興味深い戦歴を持つUボート艦長のひとりはペーター・エーリヒ・"アリ"・クレマー中佐である。彼は駆逐艦テオドール・リーデルからVIIC型Uボート、U-333の初代艦長に転補され、撃沈7隻、合計36,000トンの順当な戦果をあげ、1942年6月5日には騎士十字章を授与された。その後、大戦末期に陸上勤務に移動し、"警備大隊デーニッツ"（ヴァッハバタイヨン）の指揮官に任命された。そして、大戦の最後の数日はハンブルク港防御の激戦の中で、"戦車狩り"部隊のひとつの指揮に当たり、彼の部隊は多数の英軍の戦車を撃破して効果的に戦った。

　高位の勲章を授与されたVII型Uボートのエースたちは主に、高い撃沈合計トン数か、目立った敵艦撃沈の戦功を立てた者だが、その例外もある。ドイツ海軍の中で騎士十字章と、それに加える柏葉飾り、剣飾り、ダイヤモンド飾り全部を授与されたのは2名に過ぎない。そのうちの一人、ヴォルフガング・リュート中佐はIXD-2型、U-181の艦長であり、もうひとりはVII型Uボートの艦長、アルブレヒト・ブランディ中佐である。

　アルブレヒト・ブランディの海軍将校としての履歴は機雷敷設艦の分野で始まり、1941年4月になってUボート部隊に移動した。任務転換の訓練を修了した後、1942年9月にVIIC型、U-617の艦長に任じられた。彼は最初の戦闘出撃で撃沈4隻、合計15,163トンの戦果をあげた。二度目の戦闘出撃では地中海で行動し、駆逐艦、巡洋艦、戦艦各1隻に攻撃をかけたが、戦果をあげるには至らなかった。三度目の戦闘出撃では軍用航洋曳船1隻を撃沈し、駆逐艦1隻に損害をあたえた後、中型貨物船2隻を撃沈した。1943年1月21日、彼は騎士十字章を授与された。四度目の出撃でのブランディの戦果は英国海軍の高速機雷敷設艦ウェルシュマンと商船2隻撃沈だった。五度目の戦闘出撃では、U-617は英国海軍の巡洋艦1隻と駆逐艦2隻を攻撃した。魚雷命中と報告されたが、敵艦の損害の有無は不明のままである。ブランディは1943年4月11日に柏葉飾りを授与された。八度目の戦闘出撃では、ブランディは英国海軍の駆逐艦パッカーリッジを撃沈し、その外に種別不詳の軍艦2隻撃沈を報告した。8月11日、今度はU-617が英軍機の攻撃を受ける側に立ち、重大な損傷を被った。そして、英艦に追跡されてスペイン領モロッコの領海に入り、シディ・アマール附近の海岸に乗り上げた。乗組員は抑留されたが、間もなくドイツに帰還した。

　1944年3月、ブランディはVIIC型のU-967の艦長に任命された。この艦は短期間、北大西洋で行動した後、1944年1月に地中海方面の部隊に移動した。この水域でブランディは再び敵艦に対する攻撃を開始し、5月4日の夜、船団攻撃に参加して米国海軍の護衛駆逐艦フェチュテラーを撃沈した。彼は5月9日に剣飾りを授与され、その半年後、1944年11月24日、まだU-967の艦長として活動中の彼はダイヤモンド飾りを授与された。その後、彼はKleinkampfmittelverbände（小型戦闘艇部隊、小型潜水艇や一人乗り魚雷など特殊兵器の部隊）の指揮官に昇進し、大戦終結を迎えた。彼は戦後の西ドイツ海軍に

岸壁沿いに繋留されている第1Uボート戦隊"ヴェディゲン"。この戦隊の名誉呼称は第一次大戦初期のヒーロー、U-9のヴェディゲン艦長を記念するためにあたえられた。U-9は1914年9月22日、北海で哨戒任務についていた英国海軍の装甲巡洋艦アブキール（排水量12,000トン）以下3隻の姉妹艦を、90分あまりのうちに次々に撃沈した。

は参加せず、ドルトムントで引退生活を送り、1966年に亡くなった。

　Uボート艦長の中には、確実であり確認された撃沈戦果の合計トン数は並み程度ではあっても、高位の勲章を授与された人もあり、ブランディはその主な例である。ブランディの戦歴を見るとすぐに明らかになるのは、彼が敵の軍艦を積極的に襲った恐れ知らずの攻撃精神である。地中海は全体にわたって英国海軍が兵力を着実に展開しており、ジブラルタル海峡周辺は特に堅固な彼らの支配体制の下にあり、これらの水域は比較的水深が浅い自然条件もあって、Uボートの行動は他の水域と比べてはるかに危険度が高かった。このような条件にもかかわらず、ブランディは敵艦攻撃の機会を見逃さずに戦った。Uボートの損失が急速に増大していたこの時期に、積極的に危険な対軍艦攻撃に当たる決意を、海軍最高司令官デーニッツ元帥は高く評価したのである。

　幸いなことに、第二次大戦の終結を無事に迎えたUボートの高位エースたちの中で、自分の活動の回顧録を出版した人が何人もある。そして、戦没したエースたちについても、研究者が書いた伝記が数多く出版されている。歴史の上で重要な意味を持つこの時代に、VII型Uボートに乗り組んでいた軍人たちの戦いと生活がどのようなものであったか、もっと深く知りたい人たちにとっては、読むべき書物は豊富にある。

THE TYPE XIV
XIV型

　米国東海岸に近い水域と南太平洋でのUボートの作戦行動が開始されると、行動中のUボートに対する補給任務に当たる特別なUボートの必要性が明らかになった。基地から遠く離れた水域での戦闘パトロールから帰還する途中のUボートが、燃料または魚雷の不足に迫られている僚艦と会合し、自艦の残ったストックの一部を積み渡した後、基地に向かうという例が時々あった。この積み渡しの作業は、穏やかな海面でない限り、きわめ

て困難であり危険だった。もちろん、これは僚艦の助けにはなったが、積み渡す量は極くわずかなものにすぎなかった。

　この問題の解決のために、大量の燃料とその他の必需品を輸送する用途の大型Uボートを建造することが考えられた。この輸送Uボートによって、長距離進出したUボートに補給し、作戦行動期間を長くすることが意図され、その結果、XIV型が設計された——この型はドイツ側でMilchkuh（乳牛）と呼ばれるようになった。この型のUボートはキールのドイッチェ・ヴェルク社で6隻（U-459、U-460、U-461、U-462、U-463、U-464）とゲルマニアヴェルフト社で4隻（U-487、U-488、U-489、U-490）、合計10隻が建造された。

　初めのうち、これらの艦は補給任務で高い成功を収め、大西洋の西部と南西部に展開したUボートが、以前より長く配備水域で行動を続けるようになる効果をあげた。しかし、ドイツの"エニグマ"暗号の解析に成功した連合軍は、ドイツ海軍の通信を傍受・解読し、計画されたUボートの会合地点に待ち伏せをかける作戦をだんだんに拡げていき、貴重な"乳牛"が次々に攻撃を受け、撃沈されることが増していった。

　最初の喪失艦、U-464は最初の補給任務航海の7日目、1942年8月21日、アイスランドの南東で浮上している時に米軍のカタリナ飛行艇の攻撃を受けた。この艦は沈没したが、乗組員は全員、アイスランドの漁船に救助された。U-463は4回の航海では任務を果たして無事に帰還したが、5回目の航海では1943年5月16日に英国本土南西端の離島、シリー諸島の南西方の水域で、英国空軍沿岸哨戒コマンドのハリファクス爆撃機1機の攻撃を受けて沈没し、乗組員は全員戦死した。一方、U-489は同年8月4日、アイスランドの東南東でバッテリー充電のために水上航走中にサンダーランド飛行艇に発見され、攻撃を受けた。同艦はこの敵機を撃墜することができたが、大きな損傷を受けたために自沈した。乗組員の大部分は救助された。1943年7月には燃料補給Uボート兵力は大打撃を受けた。13日にはU-487、24日にはU-459、30日にはU-461とU-462が、いずれも浮上している時に敵機の攻撃を受けて撃沈された。U-487以外の3隻は根拠地に近いビスケー湾での損失だった。これらの4隻は撃沈されるまでに合計21回任務航海を重ね、前線のUボートに燃料などを補給した。その後に残った3隻の補給Uボートのうち、U-460は1943年10月4日、アゾレス諸島の南西方の洋上で3隻のUボートに給油している時に航空攻撃を受け、撃沈された（給油を受けていた3隻のうち、1隻だけが同時に撃沈された）。U-488は1944年4月26日、中部大西洋東寄りのカプ・ヴェルデ諸島の西方で、潜航航走中に敵艦に発見され、攻撃を受け、消息が絶えた。U-490は就役後1年間を訓練に費やした後、最初の任務航海でインド洋に向かう途中、アゾレス諸島の北西で米軍の航空機と艦艇の協同攻撃を受け、1944年6月12日に撃沈された。幸いなことに乗組員は、1名を除いて全員、敵艦艇に救助された。

　XIV型は補給用の燃料を最大400トン、魚雷4本、かなりの量の生鮮食料を搭載していた。それに加えて、艦内にはパン焼き設備があり、前線のUボートの乗組員に焼きたて

潜望鏡は通常、実際に使用されていない時には引き込められている。この場面ではマストと同様に使用され、そのトップから張り下ろしたワイヤーに、この艦の戦果を示す多数のペナントが掲げられている。各々のペナントには撃沈した船舶のトン数が大きく書かれている。この写真はラインハルト・ハルデゲン少佐とVIIC型Uボート、U-123が、大戦果をあげた戦闘航海から帰還した時に撮影された。

のパンを提供することもできた。

XIV型の要目
全長　67.1m
全幅　7.3m
吃水　4.9m
排水量　1,688トン（水上）、1,930トン（潜航時）
速度　14.4ノット（26.7km/h、水上）、6.2ノット（11.5km/h、潜航時）
航続距離　9,300浬（17,220km/h、水上航走）、67浬（124km/h、水中航走）
動力　1,400bhpディーゼルエンジン2基、及びそれと連結される375bhp電動モーター2基
武装　魚雷発射管なし、3.7cm高角機関砲2門（司令塔の前方と後方）、
　　　2cm高角機関砲1門（司令塔後部のプラットフォーム）
乗組員　53名

ARMAMENT

武装

　大戦の前半にわたって、大半のUボートの主な武装は8.8cm海軍制式砲、及び／または2cm高角機関砲だった。大戦の進行と共に、連合軍は対潜水艦戦の兵器と戦術の能力

VII型Uボートの艦橋から見下ろした前甲板の8.8cm砲射撃訓練の模様。砲の右側、やや離れた位置に見える2つのU字形の枠は、砲員が体重をかけてもたれ、波の荒い日の動揺の中で身体を安定させるための装置であり、使用されない時には折り畳むことができる。砲口は砲口栓によって塞がれ、栓を保持するワイヤーが砲身に巻きつけられている。

XIV型タンカー、U-462が作戦航海を終わって基地に帰還した時の情景。出撃した時に満載していた燃料がなくなったので、艦は水面から高く浮き上がり、船体の巨大さがはっきりとわかる。

を高めてきたので、Uボートはできるかぎり潜航状態を続け、浮上するのはバッテリー充電のためにディーゼルエンジンによって水上航走する時だけに限るようになった。このため、甲板上の8.8cm砲は実質的に余計なものになっていった。使用されることがほとんどなくなり、1943年4月頃、重量を削減し、ある程度抵抗減少の効果をあげるためにこの砲は取り外された。

それと同時に、航空攻撃を受ける危険が非常に高まったため、Uボートの対空防御火力は目立って強化された。Uボートが連合軍の航空攻撃を見事に撃退した例が何回かあったことは確かなのだが、艦が潜航に移ることができない、またはそれによって危険の可能性があると判断した場合を除いて、海面に踏み止まって敵機と交戦しようとするUボートの艦長があるはずはなかった。

前甲板の8.8cm砲が有効に使用されたのは大戦初期の間だけであり、攻撃の目標は単独で航行している船舶か、船団から落伍した船であって、それも敵の艦艇に遭遇する可能性が比較的少ない水域に限られていた。魚雷で損傷をあたえた商船が沈没に至らない時、それに"止めを刺す"ために使用されることが最も多かった。そのためにもう1本魚雷を発射するよりは、もっとコストが低く、弾数に余裕がある砲弾によって処理する方が合理的だったからである。

甲板装備8.8cm砲
The 8.8 cm Deck Gun

Uボートに装備された8.8cm砲は、空軍の8.8cm高射砲――対戦車戦闘で威力を発揮して有名になり、"アハト・アハト"（8.8の意）高射砲という通称で広く知られている――と直接的な関連はない。正式な呼称は8.8cm艦載砲C/35であり、第一次大戦中にドイツ帝国海軍が使用した砲の発達型だった。

この砲は司令塔の前の低い柱脚の上に装備され、水平方向には360度旋回、上下方向には俯角－4度と仰角＋30度の操作が可能であり、重量13.7kgの砲弾を700m/秒の初

速で発射することができ、射程は12,350mだった。艦が潜航に移る時には、砲腔を保護するために防水木栓によって砲口が塞がれた。

　射撃要員は砲手、装填手、照準手の3名であり、その外に多数の乗組員が艦内、ツェントラル区画の床下の弾薬庫から砲弾を運び上げ、砲撃の支援に当たった。甲板上の備砲のすぐ前、左舷よりの位置に小さい水密弾薬ロッカーがあり、砲員はそこに収納されている砲弾によってただちに射撃を開始し、それが続くうちに艦内から砲弾が運び上げられるようになっていた。砲の後部の右と左にはパッドのついた折り畳み式のU字型支持架が取りつけられていた。砲手と装填手は艦の横揺れと縦揺れの中で、しっかり姿勢を維持するために、これに体重をかけて立っていた。実際には、海面がよほど穏やかでない限り、目標に照準を合わせることはきわめて難しかった。荒天の時には、砲員たちは配置位置に身体を縛帯で固定することもあった。通常、第2当直将校（II Wach Offizier、IIW.O.）が司令塔から射撃を指揮した。

2cm高角機関砲
The 2 cm Flak Gun

　Uボートに装備された2cm高角機関砲（Flugabwehrkanone）には2つの基本型があった。初期の型、単装の2cm Flak30は横方向には360度旋回、上下方向には俯角－2度、仰角＋90度までの操作が可能だった。砲弾の重量は0.32kg、射程は12,350m、最大発射速度は毎分480発だったが、実際にはその半分ほどの発射速度で使用された。

　次に現れた改良型、2cm Flak38は前の型とほぼ同じだったが、発射速度が毎分980発に高められた。この機関砲は二連装型（Zwilling）と四連装型（Vierling）も製造された。これは陸軍用に設計された兵器の直接的な発展型であり、相違は海軍用の柱脚（Lafette

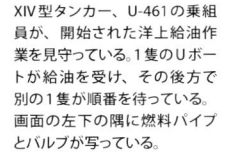

XIV型タンカー、U-461の乗組員が、開始された洋上給油作業を見守っている。1隻のUボートが給油を受け、その後方で別の1隻が順番を待っている。画面の左下の隅に燃料パイプとバルブが写っている。

C/35）に取りつけられた点だけだった。

3.7cm高角機関砲
The 3.7 cm Flak Gun

大戦の後半、VII型の多くの艦に3.7cm Flak M/42が装備された。これも陸軍の兵器を海軍用に転換したものであり、砲弾の重量は0.73kg、射程は15,350m、最大発射速度は毎分50発だった。

その他の兵器
Other Weapons

甲板上の備砲と対空火器の外に、Uボートにはある程度の数の小火器が搭載されていた。拿捕や捜査のために敵艦船に乗り込む際や、艦がドック入りしている時の警備の任務などに使用するためである。そのうちの主なものは9mmピストル、9mm短機関銃、9mm機関銃、7.92mmライフルなどだった。

THE TORPEDO

魚雷

ドイツの魚雷の型の呼称のつけかたはきわめて複雑である。しかし、Uボートに搭載されていた魚雷の主要な型は2つだけである。その2つの型の中で、起爆装置（ピストル）と方向制御装置の相違によっていくつかの型がある。これらの2つの主要な型は第一次大戦中に使用されたG7aとG7eの発達型であり、すべての魚雷の直径は54cm（21インチ）に標準化され、すべての水上艦艇とUボートが共通に使用することができた。標準の長さは7.16mであり、弾頭に装填された炸薬の量は約280kgだった。

魚雷の型
Torpedo Types

G7a（TI）

G7a（TI）は比較的単純な兵器であり、魚雷に搭載されたボンベから供給される空気の中でアルコールを燃焼させ、そこで発生する蒸気によってスクリュー1基を駆動する推進機構だった。この型の最高速度は44ノット（81km/h）ほど、航続距離は最大で6kmである。最大の弱点ははっきりと見える気泡の尾を

XIV型タンカー、U-462の中央部。司令塔の後方、離れた位置に架台が設けられ、その上に2cm四連装高角機関砲が装備された特異な対空砲配置が写っている。艦橋の下には蛸をモチーフにしたこの艦の紋章が描かれている。

海面に曳くことだった。

G7e（TII）

G7eはおおよそG7aと同じだったが、100bhpの小型電動モーターを動力とし、コントラ回転するスクリュー2基を駆動する点が違っていた。このため、G7aは敵に発見される航跡を曳くことはなかった。G7e（TII）の航続距離は速度30ノット（56km/h）で5kmだった。

G7e（TIII）

この型はG7e（TII）の発展型であり、バッテリーの容量が高められ、航続距離が7.5kmに増大した。

起爆装置
Detonators

弾頭を爆発させるためのピストルはUボート部隊にとって大きなトラブルの元となった。大戦の初期には起爆しなかった例が数多く記録された。基本的なピストルは2つの機能を併せて持っていた。接触による起爆（Abstandzündung）と、艦船の船体の周囲に発生する磁場に反応しての起爆（Magnetischerzündung）の機能である。

方向制御装置
Directional Control

第二次大戦中に方向制御装置の主要な型が3種類開発され、いずれも初期的なトラブルが解決された後、有効に実用された。

FaT（Flächenabsuchenden Torpedo＝水面捜索魚雷）

FaTの最初の型はG7a（TI）のデザインをベースとした魚雷である。対船団攻撃のために考えられた優れた兵器であり、目標に向かって直進するのではなく、船団の中をS字形のコースで航走し、いずれかの船に命中することを期待するのである。船団の側面の位置から発射することが必要だった。これの発達型、FaTIIはG7e（TII）をベースにしたものである。

LuT（Lagenabhängiger Torpedo＝状況対応魚雷）

この魚雷のコンセプトはFaTと同様だが、必ずしも船団の側面の理想的な位置につく必要はなく、船団に対してどの角度からでも発射することができた。

洋上給油作業中のU-462タンカー。燃料パイプが艦尾から後方に延びている。左頁の写真に写っている後甲板の四連装機関砲装備の架台はなく、甲板上に通常の2cm連装高角機関砲が装備されているようだ。

Zaunkönig（TVb、ミソサザイの意）

G7eをベースにしたこの魚雷は音響探知装置が装備され、敵船のスクリュー音を追って命中する機能を持っていた。しかし、船の航跡などの乱流を通過する時に、意図しない爆発を起こしやすかった。航続距離は24.5ノット（45.3km/h）で5.75kmだった。

Zaunkönig II（TXI）

これはザウンケーニヒの基本型を改良した型であり、命中前の爆発を防ぐために、音響探知装置は特定の幅の周波数のスクリュー音を捉えるように調整されていた。護衛艦艇に追跡された時に、艦尾の発射管からこの魚雷を発射して成功を収めた例もあった。

THE MINE
機雷

第二次大戦中にUボートから射出される改良型、発達型の機雷の型はいくつも現れたが、そのうちで最も重要な4つの型はTMA、TMB、TMC、SMAである。

TMA（Torpedominen Typ A＝発射管射出機雷A型）

この機雷は最大270mの深度まで使用可能であり、炸薬の量は215kgだった。標準型の魚雷と同じ直径であり、魚雷発射管から射出されたが、全長が魚雷より短く、3.4mだったので、1基の発射管から一度に2基を射出することができた。

TMB（Torpedominen Typ B＝発射管射出機雷B型）

TMBは20mまでの浅い深度で使用されるように設計されていた。全長はTMAよりも短く、2.3mに過ぎなかったが、炸薬の量は580kgだった。1基の発射管に3基を装填しておいて射出することができた。

TMC（Torpedominen Typ C＝発射管射出機雷C型）

これはTMBの発達型であり、全長は3.3mに増したが、炸薬の量は1,000kgにまで増大した。発射管1基にこの機雷2基を装填しておき、射出することができた。

SMA（Schachtminen Typ A＝垂直投下機雷A型）

この機雷は魚雷発射管から射出するのではなく、機雷敷設専門のUボートの垂直機雷敷設筒から投下する用途に設計された。全長は2.15m、炸薬量は350kgである。最大250mの水深で使用することができた。

THE POWERPLANT
推進動力

　本書でカバーされたUボートのすべての型の動力はディーゼルエンジンと電動モーターである。後者はディーゼルと同じスクリューシャフトを駆動するように連結されている。ディーゼルは水上航走に用いられ、電動モーターは潜航航走に用いられた。

　シュノーケルが実用化されてから、Uボートは潜望鏡の頂部が海面上に出る深度でディーゼルを運転し、電動モーター用の蓄電池に充電することができるようになった。シュノーケルは単純な"呼吸用"のチューブであり、これによってUボートが潜水状態を保ったまま、艦内に空気を取り入れる装置だった。その頂部には、ボールの浮きがついた単純なフラップが装備されていた。頂部が波を被ると、ボールが浮き上がってフラップがチューブの口を閉じ、海水の進入を防ぐのである。シュノーケルについての大きな問題は、艦の深度の調整が十分に保たれないために潜望鏡深度以下に潜り込んでしまった時や、波が荒い海面でフラップが開いている時間より閉じている時間の方が長い時に発生した。艦外からの空気流入がなければ、エンジンは艦内の空気を吸い込み、部分的な真空状態や乗組員の能力低下をもたらした。

　各々1本ずつのスクリューシャフトを駆動する2基のディーゼルエンジンはきわめて頑丈な台座に取りつけられていた。機関室のスペースのほぼ一杯にひろがっていて、2基の間に狭い通路が通っているだけだった。このように窮屈な機関室の中での作業は暑く、悪臭が強く、ひどく不快だった。機械的な故障の修理は、スペースが狭いために困難な場合が多かった。

　VIIA型はMAN社製、またはゲルマニアヴェルフト社製の6気筒ディーゼルエンジン2基を装備していた。出力は各1,160馬力である。2本のスクリューシャフトには出力375馬力の電動モーターが連結されていた。水上でディーゼルが運転されている時は、モーターのシャフトとの連結クラッチは解除され、蓄電池充電のための発電機として運転された。電動モーターの主な供給企業はジーメンス、AEG、ブラウン=ボヴェリだった。VII型のその後の型（B〜F）は1,400馬力のディーゼル2基と375馬力の電動モーター2基の組み合わせを装備していた。

OTHER STANDARD EQUIPMENT
その他の標準的な装備

無線通信装置
Radios

　Uボートと陸上の司令部組織の間の通信・連絡の標準的な手段は、周波数3〜30MHzの範囲の短波無線通信だった。大半のUボートはテレフンケン受信装置と、200ワットの

テレフンケン発信装置と、そのバックアップとなる小型の40ワットのロレンツ発信装置の組み合わせを装備していた。洋上に出撃した後、Uボートの間の通信には1.5～3MHzの範囲の中波無線装置が使用された。この装置も主にテレフンケン社によって製造されたものだった。そして、潜航中のUボートに通信を送るためには超長波の電波を使うことが必要だった。この種の電波の送信には陸上のきわめて強力な発信装置が必要だったが、これは潜航中のUボートに確実に連絡する唯一の方法だった。この通信は短波の周波数帯でも送信され、同じテレフンケン受信装置によって受信することもできた。

レーダー
Radar

　Uボートへの基本的なレーダー装置の装備は1940年に始まった。最初に実用化された型はFuMO 29（Funkmessortungsgerät＝目標位置測定電波装置）である。この型はIX型の多数に装備され、VII型の一部にも装備された。司令塔の上部前面に8つの二極アンテナが2段の横列に並んでいるので、写真でも難なく見つけることができる。上段の列が電波輻射装置、下段の列が受信装置である。1942年に実用化された改良型、FuMO 30では司令塔側面の二極アンテナの列ではなく、いわゆる"マットレス"型のアンテナに変わり、これは潜航する時には司令塔の壁面のスロットに収納される引込式になっていた。このレーダー装置は他の艦船を発見するのに役立たない場合も多かった。海面の大きな拡がりの中で、アンテナの装備位置がきわめて低かったためである（水上艦艇の場合、アンテナは主檣や艦橋楼の高い位置に装備されていた）。荒天の日の外洋の高い波浪にレーダー波は妨害され、レーダーによる探知の前に見張り員が敵の船舶を発見することもあった。改良型、FuMO 61は水上目標探知の機能がわずかに向上しただけだったが、航空機探知能力は良い成績を示した。

　新しい型のレーダー、FuMB 1（Funkmesserbeobachter＝測定監視電波装置）はメトックスと呼ばれ、実用化の時期は1942年7月である。この装置は粗い造りの木製の十字形の材に配線を張ったアンテナを使用し、"ビスケーの十字架"と呼ばれた。このアンテナは手動操作で回転された。残念なことに、メトックスが放射する電波は連合軍側のレーダー波探知装置に探知され、発射源であるUボートはすぐに敵の攻撃を受けることになった。その少し後に実用化された改良型、FuMB 9ツィペルンも、英国のレーダー探知システムによって探知された。FuMB 10ボルクム装置が実用化されてからやっと、Uボートは輻射した電波を敵に探知されることのないレーダーを装備することができた。

　それでも、既製の装置がレーダーのスペクトル全部をカバーしてはいないという問題が残ったが、その問題は1943年11月にFuMB 7ナクソスが実用化されて解決された。ナクソスとメトックスを併用することによって、Uボートはようやく、優れたオールラウンドなレーダー操作能力を持つことができた。ナクソスとメトックスの機能は後に単一のシステムに統合され、1944年4月に実用化されて、FuMB 24フリーガーとFuMB 25ミュッケの2つのシステムとなった。

音響探知装置
Sound Detection

　Uボート部隊が使用した最も初期の音響探知装置は、Gruppenhorchgerät（GHG、集合音響装置）である。音響感知装置は艦首の両舷に装備されていたので、正確に音源を探知できるのは艦が目標の真横に対して艦首を向けている時だけだった。次に実用化された改良型の回転式音響探知装置、Kristalldrehbasisgerät（KDB）は、音響感知装

置の列を並べた引込式の回転台架が前甲板に装備されていた。この装置はVII型Uボートの大半に装備された。VII型の多くの艦にはBalcongerät（バルコニー装置）と呼ばれる装置も装備された。これは感知装置が"バルコニー"型の整形カバーに収められて艦首の下部に装備されたものであり、GHGやKDBシステムより広い角度をカバーすることができた。

■参考文献 BIBLIOGRAPHY

Kaplan, Philip, and Currie, Jack, *Wolfpack*, Aurum Press, London, 1997.
Kurowski, Franz, *Die Träger des Ritterkreuzes des Eisernen Kreuzes der U-Bootwaffe 1939-45*, Podzun Pallas Verlag, Friedberg, 1987.
Mallmann-Showell, Jak P., *U-Boats under the Swastika*, Ian Allan, Surrey, 1998.
Mallmann-Showell, Jak P., *U-Boats in Camera*, Sutton Publishing, Stroud, 1999.
Miller, David, *U-Boats: The Illustrated History of the Raiders of the Deep*, Pegasus Publishing, Limpsfield, 1999.
Rössler, Eberhard, *The U-Boat: The evolution and technical history of German submarines*, Arms & Armour Press, London, 1981.
Sharpe, Peter, *U-Boat Fact File*, Midland Publishing, Leicester, 1998.
Stern, Robert C., *Type VII U-Boats*, Arms & Armour Press, London, 1991.
Taylor, J. C., *German Warships of World War Two*, Ian Allan, London, 1966.
Wynn, Kenneth, *U-Boat Operations of the Second World War Vol. 1*, Chatham Publishing, London, 1997.
Wynn, Kenneth, *U-Boat Operations of the Second World War Vol. 2*, Chatham Publishing, London, 1998.

カラー・イラスト解説 color plate commentary

A：ドイツ海軍初期のUボート

このイラストに示した5つの例はドイツ海軍（クリークスマリーネ）の初期のUボートであり、第二次大戦中には訓練任務以外の行動は多くなかった。

1) IA型　この型のUボートは2隻建造されただけだが、U-25、U-26はいずれも実戦に参加し、1940年の夏、戦闘により沈没した。図1はU-25が最初の戦闘航海に出撃した時の塗装を示している。この最初の出撃の後、司令塔前面の鮫の口の模様は塗り消された。このグレーの色調2段のカムフラージュ塗装は、他のUボート、殊にVIIC型の艦にかなり広く用いられた。

2) IIA型　図2はII型の最初の艦、U-1である。全体が薄いグレーで、司令塔の側面に艦番号が描かれた戦前の塗装である。艦番号は艦首両側の小さい飾り板にも書かれていた。艦番号はいずれも開戦の時に塗り消された。この図では司令塔の前に2cm高角機関砲が描かれているが、実際にはこの砲を装備したIIA型の艦はほとんどない。

3) IIB型　図3は"鉄十字章ボート"、U-9である。外観はIIA型とほとんど同じだが、燃料搭載量を増大するために艦の全長が2m近く長くされた。後期のIIB型は司令塔前部のステップがなくなり、全体が凸凹のない曲面になった。この艦は第一次大戦の時のU-9の伝統を受け継ぎ、司令塔の側に金属製の大きな鉄十字章のエンブレムがとりつけられていた。これも第二次大戦勃発時に取り外された。

4) IIC型　この型も外観はそれ以前の型とほぼ同じだが、C型はB型より全長が1m長く、耐圧殻と外殻の間の海水流出入自由の部分の排水口が多数、新たに設けられているので、以前の型と識別しやすい。排水口は艦の中部、司令塔の下のあたりの側面に長く並んでいる。当時の雑誌掲載写真に写っているIIC型は通常、前甲板に2cm砲を装備している。

5) IID型　IID型の司令塔は独特な形であり、他の型と見分けやすい。図5のU-143の司令塔は初期型の形であり、上縁が後方に向かって大きなカーブを描いて切れ下がっている。後期型の司令塔の形はVII型に似ており、後部には高角機関砲装備のためのプラットフォームが設けられた。この図は薄いグレーの塗装だが、この艦は第二次大戦中の戦闘任務の部隊では、図1のU-25と同じく、色調2段のグレーのカムフラージュ塗装だったと知られている。

潜航に移るIIB型Uボート。艦が水面下に入るとディーゼルエンジンの吸気口と排気口は自動的に閉鎖され、動力はディーゼルから電動モーターに切り換えられた。前甲板の2cm高角機関砲は取り外され、その柱脚だけが残っている。

B：Uボートの攻撃を受けた商船の生存者たち

　第二次大戦の初期には多くの商船が単独で大洋を航行していた。護衛艦艇は不足し、航空機による哨戒も不十分だったので、Uボートの中には危険な敵が周囲に姿を現す可能性は低いと見て、撃沈した商船の艦名、所属などを確認するために、生存者を尋問した例もあった。

　このイラストには浮上したVII型Uボートと、攻撃を受けて沈没直前の商船と、艦長に招き寄せられて艦に近づいてくる生存者のボートが描かれている。VII型の艦内のスペースはほとんど余裕がないので、生存者を収容した例はきわめて稀だった。しかし、Uボートの艦長や士官が生存者の中に負傷者や手当を必要とする者がいないかを確かめたり、やや場違いではあるが、ブランデーの瓶をあたえたり、最も近い安全な陸地へのコースを教えたりした後に再び潜航に移った例が、いくつも記録に残っている。

　大戦が進行し、連合軍側の対潜戦闘能力が高まってくると、Uボートにとっては浮上すること自体が危険になり、そのような"美談"が生まれる余地はほとんどなくなった。1942年9月には"ラコニア号事件"——僚艦がこの商船を撃沈した後、U-506が救助した女性と子供を含む生存者を甲板に乗せ、ボート数隻を曳行して航走している時、この状況が連合軍側に通報されていたにもかかわらず、米軍のB-24の爆撃を受けた。幸い損害はなく、同艦はその後に英艦と会合して生存者を引き渡すことができた——が発生し、Uボート艦隊司令長官デーニッツ元帥は即日、生存者救助を試みて乗艦と乗組員を危険に曝してはならないとの厳命を指揮下の部隊全体に発した。しかし、それでも、その命令への違反は時々あったようである。

C：VII型シリーズの派生型

　VII型シリーズのUボートにはいくつも派生型があり、外観にはかなり大きな相違がある。このページにはそのうちの4つの型が並んでいる。

1）VIIA型　VIIA型はVII型の最初の型であり、耐圧殻の外側に装備された艦尾の魚雷発射管1基が後部甲板で目立っている。2cm高角機関砲がまだ艦橋後方のプラットフォームに移されておらず、後甲板に装備されている点

Uボート支援母艦ザールの前方に繋留されているヴェディゲン戦隊のIIB型Uボート3隻。大戦勃発の前には、すべてのUボートは司令塔の側面に黒、または、多くの場合、白で艦番号が書かれ、艦首の左右の舷にも艦番号を書いた小さい飾り板が取りつけられていた。

にも注目されたい。図1はスペイン内戦当時、非干渉パトロール任務についていた時のU-29を示している。司令塔側面に描かれた赤／白／黒の縦縞は、スペイン水域で任務についていたドイツ艦艇全部の識別マークである。

2）VIIB型　これはU-101の図であり、この型の後期型の艦橋のスタイルが描かれている。2cm高角機関砲は後甲板から艦橋後方の一段高いプラットフォームに移され、司令塔の側面にはディーゼルエンジンへの空気供給を増すために太くて目立つダクトが取りつけられている。

3）VIIC型　この図はU-995（1943年7月に進水）であり、大戦後期のVIIC型の艦橋の形態と火器装備の典型的な例を示している。3.7cm高角機関砲1門は下の段の"ヴィンターガルテン"プラットフォームに、2基の2cm連装高角機関砲は上の段に装備されている。この艦は大戦中の9回の戦闘出撃で生き残り、戦後に連合軍からノルウェーに引き渡され、1965年の退役まで使用された。その後、同艦はドイツ海軍に贈呈され、復元されて、キールに近いラボーのドイツ海軍記念館の近くに展示されている。

4）VIIC/42型　合計700隻以上も建造されたVII型の最終型となるはずだったVIIC/42は、下段の"ヴィンターガルテン"が後方に延長されて、2cm四連装高角機関砲1基が装備され、上段のプラットフォームには2基の2cm連装高角砲が装備されて、侮りがたい対空防御力を持つように計画された。しかし、強力な火力を装備された特別な"フラックボート"（対空砲Uボート）でさえも結局、集中的な航空攻撃には十分に対応できないことが明らかになったので、165隻発注済みだったVIIC/42型の建造はすべて中止された。

D：VIIC/42型の艦内レイアウト

VII型の艦内のレイアウトはドイツの潜水艦デザインのかなり典型的なものである。艦首部の先端は前部発射管室であり、発射管4基が装備され、下級乗組員の居住区でもある。この区画の床下には予備魚雷が収納されていた。この区画の後部の天井には傾斜したハッチの下端の口があった。このハッチは甲板から新たな魚雷をこの区画に搬入するのに使用された。

ここからバルクヘッド（隔壁）を通り抜けた後方、次の区画には上級乗組員の居住区と艦長のキャビンがあり、その床下は蓄電池の前部収納室になっている。艦長のキャビンの横、通路をはさんだ向かい側（右舷の側）には無線通信・水中聴音装置室が配置されている。この区画の後方、艦の中央部には発令所があり、ここには潜舵コントロールなど主要な制御装置、航海士作業テーブル、補助ビルジ（船底汚水）ポンプが配置されている。左舷の側には潜望鏡操作用モーター、主排気コントロール装置、主ビルジポンプ、飲料水タンクが配置されている。この区画の中央には潜望鏡を引き込むチューブが上下に通っている。

艦橋後部改造後のVIIC型、U-377の対空火器装備のクローズアップ。上段のプラットフォームには2cm連装高角機関砲2基が装備され、下段プラットフォームには2cm四連装機関砲1基が装備されている。この艦では四連装砲の防盾が取りつけられていないが、これは珍しい例である。

発令所の上には司令塔があり、塔の中、発令所のすぐ上の部分は艦長の攻撃指揮所になっている。この小さい区画には攻撃潜望鏡のための光学装置、攻撃用計算機、羅針盤、司令塔の外への出口などが詰め込まれている。発令所の区画の床下にはバラストタンクと燃料槽が配置されている。

その後方の区画は下級下士官の居住区である。この区画の後部には調理室、後部トイレ、食料品貯蔵室があり、床下は後部蓄電池室である。

その区画の後方のバルクヘッドを通り抜けた先は機関室であり、巨大な台座に取りつけられた2基のディーゼルエンジンが、狭い通路の左右に配置されている。この区画のバルクヘッドの後方は電動機室であり、ディーゼルが駆動するスクリューシャフトに連結される電動モーター2基が配置されている。その外にこの区画には、控えめなサイズの冷蔵庫のためのコンプレッサー、主電気系統制御盤、艦尾魚雷発射管1基も装備されている。この発射管から後方に発射される魚雷は2枚の舵の間を通

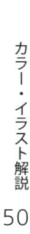

VII型の前甲板の傾斜搭載ハッチを通して魚雷が艦内に搬入されている場面。波が静かな基地港内であっても、この複雑な作業は難しいものであり、洋上で行われた魚雷補給はどれほど困難な作業だったか、十分に想像することができる。

E：VII型の甲板上の武器配置

1) **VIIF型** 艦の全長がC型より非常に長いVIIF型は4隻建造されただけである。司令塔のすぐ後方の位置に10.5mの"船体延長部分"をはめ込み、そのスペースに自艦の戦闘用以外の魚雷24本を搭載するようにした型である。全長が長いことを除いて、この型の外観は標準型、VIIC/41型とほとんど変化はない。

2) **初期のVIIC型** 第二次大戦の初期、ドイツ海軍は主にこの型のUボートで海洋戦闘を展開した。基本的なVIIC型の甲板上の武器は前甲板の8.8cm砲1門と、艦橋後方のプラットフォームに装備された2cm高角機関砲1門である。このイラストは"笑っているノコギリエイ"のエンブレムで有名なハインリヒ・レーマン＝ヴィレンブロック少佐のU-96を示している。

艦橋レイアウトの例

3) VIIA型のもともとのデザインでは艦橋の前面は平らな鋼板が湾曲しているだけの構造であり、この図の例のような塔の半ばの波しぶき除けの張り出しは、後になって追加されたものである。初期の艦橋では前面の上縁にしぶき除けのために外側向けに浅い反りがついていただけであり、艦橋後部にはこの図のような2cm単装高角機関砲は装備されていなかった。

4) VIIB型の艦橋は就役開始後、間もなく改造され、太い空気取入ダクトが塔の側面に取りつけられた。VIIB型の大半は塔の前面半ばに波しぶき除けの張り出しがあり、2cm単装高角機関砲が後甲板から艦橋後方の一段低いプラットフォームに移されている。

5) 標準的な初期のVIIC型"トゥルム0"（原設計通り、改造なしの型の司令塔）。艦橋後方の円形のプラットフォームに2cm単装高角機関砲1基を装備した基本的な武器配置である。VIIC型の大半は就役後の改造によって波しぶき除けの張り出しが塔の前面半ばの位置に取りつけられた。

6) VIIC型の一部の艦では後方の2cm単装機関砲と艦橋の間でプラットフォームの横幅が拡げられ、そこに2cm連装機関砲2基が横並びに装備された。艦橋には"ビス

ケー湾の十字架"が装備されている。

7）VIIC型の"トゥルム2"改造型では艦橋後方の円形プラットフォームの後方に、一段低い円形プラットフォームが追加され、そこにも2cm単装機関砲が装備された。

8）VIIC型"トゥルム4"の司令塔。大戦後期のVII型の大半の艦はこの型式になった。横幅の広い上段のプラットフォームの後方には2cm連装高角機関砲が横並びに2基装備され、一方、下段のプラットフォームは後方に延長され、3.7cm単装高角機関砲1基が装備された。時には、そこに2cm四連装高角機関砲が装備された艦もあった。艦橋上にはFuMO 61のアンテナ（マットレス状）とFuMB 26のアンテナ（環状）が装備され、艦橋の左斜め前にはシュノーケルの高いパイプが立っている。

F：敵機との戦闘

大戦後期のUボートの対空火器の装備基数と種類はかなり強力になっていたが、敵の航空攻撃を撃破、または撃退するチャンスはごくわずかにすぎなかった。それでも、時にはその場面が実際に起き、Uボートが敵機をうまく撃退した後に、無事にその場を脱出した例がいくつも記録に残っている。しかし、対空戦闘を途中で止めて潜航に移ろうとすれば、命令を受けた砲員たちが艦内にもどる間、まったく無防備になるので、艦長はあえて艦をそのような危険に曝すことはしなかった。そして、敵機のパイロットが知恵のまわる奴であれば、Uボートの対空砲の射程外を飛び続け、Uボートはやむをえず海面に留まることになった。敵機は増援の機を呼び、数機がそろった時に一斉射撃をかけてきた。Uボートが敵機撃墜に成功した事例の多くは、敵機が増援機の到着を待たずに、単機で攻撃してきた場合だった。

G：特殊用途の型

1）XIV型

この吃水線下の船体まで全体を描いたイラストは、Uボートタンカーの1隻、XIV型U-460である。一段下のVIID型の図と比較すると、この型の巨大な燃料容量がはっきりとわかる。この型の艦は遠く離れた海域で行動中のUボートに燃料を補給し、有効に活動したが、1隻、また1隻と追跡・捕捉されて撃沈された。ドイツの無線通信が傍受され、暗号解読されたのがその主な要因だった。

2）VIID型

この機雷敷設任務専門のVIID型は、司令塔のすぐ後方の一段高い甲板が特徴であり、他の型とすぐに見分けられる。これは機雷搭載チューブの上部をカバーする構造物である。この型は6隻が就役しただけであり、そのうちの5隻は戦闘出撃して撃沈され、U-281だけが終戦まで生き残った。

Uボートの艦橋の最も重要な装置のひとつは、Überwasserzieloptik（水上目標攻撃光学装置、UZOと略記される）である。これは精巧な機構が組み込まれた柱脚の上に特殊な双眼鏡を取りつけた装置であり、魚雷に目標データをインプットするのに使用された。これはVIIC型Uボート、U-377の艦橋で撮影された写真であり、IWO（先任当直将校）、ピーシュマン大尉が右手で押さえているのがUZOである。

3）フラックボート（対空砲Uボート）

VIIC型の基本型の艦7隻がフラック"仕掛け罠"の任務につくために改造された。この任務の作戦行動の初期には、連合軍機のパイロットが嫌なショックを受けるケースが続いた。彼らが普通のUボートだと見た艦を攻撃すると、2cm高角機関砲8門（四連装機関砲2基）と3.7cm高角機関砲1門の強力な集中砲火の反撃を受けたのである。しかし、連合軍側はすぐに対応策を採った。Uボートの対空火器の射程外の距離に留まって増援機を待ち、それが到着した時にフラックボートに一斉攻撃をかける戦術である。この型のUボートは潜航に移る時の所要時間が長く、潜航した時に抵抗が高いために運動性が不十分だった。1943年11月、この型の艦の使用効果に疑問が持たれ、フラックボートは全部、標準型のVIIC型に再改造された。

◎訳者紹介 | 手島 尚（てしま たかし）

1934年沖縄県南大東島生まれ。1957年、慶應義塾大学経済学部卒業後、日本航空に入社。1994年に退職。1960年代から航空関係の記事を執筆し、翻訳も手がける。訳書に『ドイツ空軍戦記』『最後のドイツ空軍』『西部戦線の独空軍』（以上朝日ソノラマ刊）、『ボーイング747を創った男たち』（講談社刊）、『クリムゾンスカイ』（光人社刊）、『ユンカース Ju87 シュトゥーカ 1937-1941 急降下爆撃航空団の戦歴』『第2戦闘航空団リヒトホーフェン』（小社刊）などがある。

オスプレイ・ミリタリー・シリーズ
世界の軍艦イラストレイテッド　5

ドイツ海軍のUボート
1939-1945

発行日	2006年7月9日　初版第1刷
著者	ゴードン・ウィリアムソン
訳者	手島 尚
発行者	小川光二
発行所	株式会社大日本絵画 〒101-0054　東京都千代田区神田錦町1丁目7番地 電話：03-3294-7861 http://www.kaiga.co.jp
編集	株式会社アートボックス http://www.modelkasten.com/
装幀・デザイン	八木八重子
印刷/製本	大日本印刷株式会社

©2002 Osprey Publishing Limited
Printed in Japan
ISBN4-499-22915-4　C0076

Kriegsmarine U-Boats 1939-45 (1)
Gordon Williamson

First Published In Great Britain in 2002,
by Osprey Publishing Ltd, Elms Court,
Chapel Way, Botley Oxford, OX2 9LP.
All Rights Reserved.
Japanese language translation
©2006 Dainippon Kaiga Co., Ltd